Walther Wuttke

DIE KURIOSESTEN AUTOS ALLER ZEITEN

75 Design-Flops, Pannenkönige und Montagsautos

Motor buch Verlag

IMPRESSUM:

Einbandgestaltung: Julia Lehmenkühler, unter Verwendung von Motiven aus dem Archiv der Paul Pietsch Verlage, Stuttgart und Archiven der Hersteller

ISBN: 978-3-613-04841-6

1. Auflage 2026

Sie finden uns im Internet unter www.motorbuch-verlag.de

Lektorat und Redaktion: Bernd Keidel
Innengestaltung: Julia Lehmenkühler
Druck und Bindung: Graspo, 76302 Zlin
Printed in Czech Republic

INHALT

1888 - 1945

1945 - 1969

1969 - 2025

EIN-LEI-TUNG

Aus heutiger Sicht mutet auch Daimlers »Motorkutsche« kurios an, mit modernen Automobilen hatte das Gefährt nicht allzu viel gemein,

Vor 140 Jahren, am 29. Januar 1886, erhielt Carl Benz ein Patent für die Erfindung des Automobils. Wenig später brachte Gottlieb Daimler sein erstes Motorfahrzeug auf die Straße. Das Automobil ist also eine deutsche Erfindung. Das wollten die Franzosen Mitte der 1980er-Jahre, als die Feierlichkeiten zum 100-jährigen Jubiläum der Erfindung vorbereitet wurden, nicht so stehen lassen und präsentierten der staunenden automobilen Welt einen gewissen Éduard Delamare-Deboutteville, der angeblich bereits 1884 in Rouen das erste selbstfahrende Automobil vorgestellt hatte. Der Mann stammte aus einer wohlhabenden Industriellenfamilie aus Rouen und leitete später die familieneigene Weberei.
Mochten die Verantwortlichen in Deutschland und insbesondere in Stuttgart diese epochale Erfindung für sich reklamieren, begann die Grande Nation bereits 1984 mit ihren Feierlichkeiten. Tatsächlich hatten Delamare-Deboutteville und sein Assistent Léon Charles Malandin schon am 12. Februar 1884 ein Patent für ihr Vehikel erhalten. Als Antrieb entwickelten die beiden Tüftler einen Viertakt-Zweizylinder mit einem Hubraum von 8,1 Litern, der mutmaßlich acht PS leistete. Das 2,75 Meter lange Fahrzeug verfügte über vier Räder – Benz hatte bekanntlich ein Dreirad konstruiert – und wurde tatsächlich einmal auf die Straße gebracht. Über die Tauglichkeit der Erfindung existieren jedoch unterschiedliche Angaben. Während einige Quellen von einer erfolgreichen Ausfahrt zwischen Fontaine-le-Bourg und Cailly berichten, sprechen andere von einem Scheitern, da bei der ersten Testfahrt das Fahrwerk den Anforderungen nicht gewachsen gewesen sei und auseinanderbrach. Dies blieb der einzige dokumentierte Auftritt des an eine Kutsche erinnernden Gefährts. Drei Jahre später stellten die beiden Erfinder ihre Fahrversuche ein. Delamare-Deboutteville entwickelte später Verbrennungsmotoren unter dem Markennamen Simplex und erhielt 1889 auf der Pariser Weltausstellung eine Goldmedaille für einen 100 PS starken Motor, der später von einem

belgischen Industriekonzern gefertigt wurde. Danach widmete sich der vielseitige Mann der Austernzucht, schrieb ein Buch über Sanskrit-Grammatik, sicherte sich mehr als 70 Patente und wurde 1896 zum Offizier der französischen Ehrenlegion ernannt.

Die widersprüchlichen Berichte über die Rolle dieses gelehrten Zeitgenossen bei der Erfindung des Automobils hielten die Franzosen allerdings nicht davon ab, hundert Jahre später einen Nachbau nach Originalzeichnungen auf die Räder zu stellen und »100 ans de la voiture française« zu feiern. Der Verband der französischen Automobilindustrie verschickte eine Pressemappe zur Untermauerung dieses Anspruchs, Bücher wurden veröffentlicht, Aufkleber gedruckt, und patriotisch gesinnte französische Automobilisten klebten sie an das Heck ihrer Renaults, Peugeots und Citroëns. Höhepunkt der Feierlichkeiten war eine Parade auf den Champs-Élysées in Paris mit Oldtimern und dem Nachbau der vermeintlichen Erfindung aus Rouen. Offensichtlich war das Fahrwerk gründlich überarbeitet worden, denn das Vehikel, auf dem die Elite der französischen Motorsportler Platz genommen hatte, absolvierte den Auftritt ohne technische Probleme. Der Nachbau steht heute im Pariser Musée des Arts et Métiers.

In Stuttgart registrierten die Verantwortlichen das französische Störmanöver damals höchst amüsiert und fuhren unbeirrt mit den Vorbereitungen für die eigenen Jubiläumsfeierlichkeiten fort. Diese wurden zur besten Sendezeit im Fernsehen übertragen und waren alles andere als gelungen. Doch zurück ins Jahr 1886: Carl Benz hatte bereits erste kurze Testfahrten unternommen, doch diese reichten bei Weitem nicht aus, um die Alltagstauglichkeit seiner Erfindung zu beweisen. Seine Frau Bertha, die ihren Carl wahrlich geliebt haben muss, war mutiger. Sie setzte ihre beiden Söhne auf das

Der Benz Patent-Motorwagen Nr. 3 (1888), mit dem Bertha Benz die erste Fernfahrt der Automobilgeschichte unternahm; historische Illustration von Ende der 1880er-Jahre.

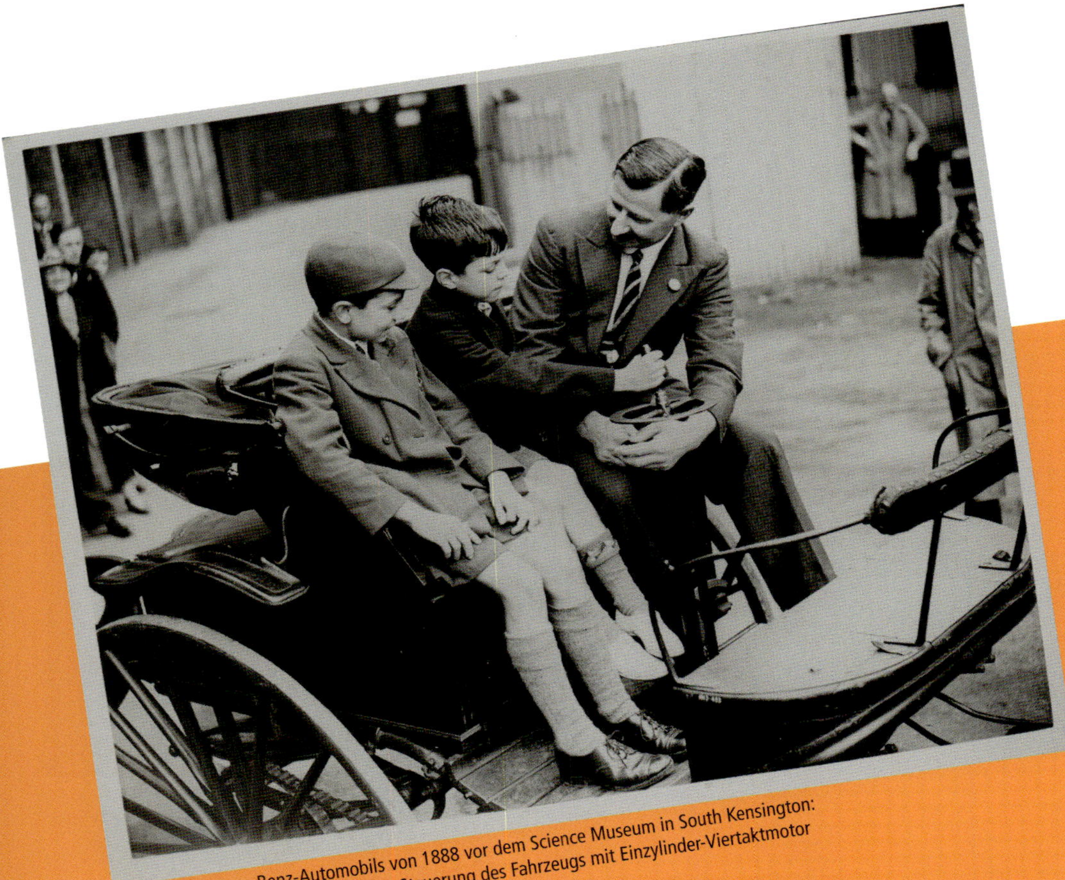

Vorführung eines Benz-Automobils von 1888 vor dem Science Museum in South Kensington: Zwei junge Besucher lassen sich die Steuerung des Fahrzeugs mit Einzylinder-Viertaktmotor (ca. 2 PS) erklären; Aufnahme aus dem Jahr 1913.

fragile Gefährt und wagte die legendäre Fahrt von Mannheim nach Pforzheim zu ihren Eltern – auch, um ihrer Familie zu beweisen, dass »ihr Carl« mit seinem motorisierten Gefährt richtiglag. Über diese Ideen hatte sich ihr Vater zuvor immer wieder lustig gemacht.

Allerdings dauerte es noch, bis das Automobil tatsächlich im Alltag präsent war, und die ersten Fahrzeuge waren alles andere als überzeugend. Zudem fehlte in Deutschland die notwendige Infrastruktur für die neue Erfindung, sodass Kaiser Wilhelm II. dem Pferd statt dem Automobil eine große Zukunft prophezeite. An diesem Punkt kommen die Franzosen erneut ins Spiel. Denn im Gegensatz zu Deutschland verfügte die Grande Nation über ein hervorragendes Straßennetz, das sie unter anderem Kaiser Napoléon Bonaparte verdankte. Zudem erkannten Unternehmer wie die Gebrüder Peugeot oder Louis Renault früh das Potenzial des Automobils, sicherten sich entsprechende Lizenzen und begannen mit dem Bau eigener Modelle, die bei einer wohlhabenden Klientel rasch Anklang fanden.

Die »Delamare-Deboutteville« von 1884, konstruiert von Édouard Delamare-Deboutteville und Léon Malandin; Aufnahme aus Frankreich, um 1980.

In diesen frühen Jahren des Automobils entstanden auch zahlreiche, aus heutiger Sicht kurios wirkende Versuche, den erfolgreichen Unternehmen nachzueifern. »Kurios« definiert das klassische Brockhaus-Lexikon als »absonderlich, sonderbar, merkwürdig«. Die Konstruktionen, die wir heute als kurios einordnen, waren damals jedoch ernst gemeinte Versuche, mit neuen Ansätzen den etablierten Marken Kunden streitig zu machen. Schließlich war bereits das erste Modell von Carl Benz ein Kuriosum: Das filigrane Dreirad wirkte auf den ersten Blick nicht gerade vertrauenerweckend. Heute fragt man sich, was sich die Erfinder bei manchen Konstruktionen gedacht haben mögen, doch die Zeitgenossen waren überzeugt, allein den richtigen Weg eingeschlagen zu haben.

So entstanden Fahrzeuge, die von riesigen Propellern angetrieben wurden, sich zusammenfalten ließen, um der Parkplatznot zu entgehen, oder Kleinstwagen, in denen die Insassen ihr Leben riskierten. Auch Flugzeugingenieure versuchten, ihre Kenntnisse auf die bodengebundene Mobilität zu übertragen – mit eher begrenztem Erfolg.

Während in Europa das Automobil zunächst vor allem von wohlhabenden Kunden erworben wurde, begannen in den USA erste Konstrukteure, die neue Erfindung zu demokratisie-

Regisseur Harry Beaumont gibt Schauspielerin Marion Davies eine Fahrstunde mit einem frühen Automobil zur Vorbereitung auf ihre Rolle im Film »The Florodora Girl«; Aufnahme vom 18. Februar 1930.

ren. 1903 brachte die Ford Motor Company das Modell A auf den Markt, das mit einem Preis von 950 Dollar noch immer teuer, aber deutlich günstiger als die Fahrzeuge der Konkurrenz war. Später sollte Henry Ford mit dem Model T das erste Automobil als echtes Massenprodukt etablieren und mehr als 15 Millionen Exemplare verkaufen.

Doch damit war die Zeit kurioser Automobilentwicklungen noch lange nicht zu Ende – sie hatte gerade erst begonnen.

1888 - 1945

Die Erfindung des Automobils fiel in eine Zeit des wirtschaftlichen Aufschwungs. Nach der Gründung des Deutschen Reiches im Jahr 1871 entstanden in Deutschland mehr als 700 neue Aktiengesellschaften. Gleichzeitig bildeten sich zahlreiche Industriekonzerne wie Krupp und Mannesmann. Deutschland war außerdem zur Kolonialmacht in Afrika und Asien aufgestiegen und hatte sich seinen »Platz an der Sonne« gesichert.

Zu Beginn des 20. Jahrhunderts wurden Nilkreuzfahrten für wohlhabende Reisende zum exklusiven Vergnügen. Auf eleganten Schiffen – fast wie bei Agatha Christie – entdeckten sie Tempel, Landschaften und die faszinierende Welt Ägyptens.

Viele Passagierschiffe waren noch Linienschiffe nach Südamerika. Für wohlhabende Reisende wurde die Seereise zunehmend selbst zum luxuriösen Erlebnis.

Pompös: Itala, Lieferant der italienischen Könige, wählte einen besonders aufwendigen Auftritt, um seine Modelle zu zeigen.

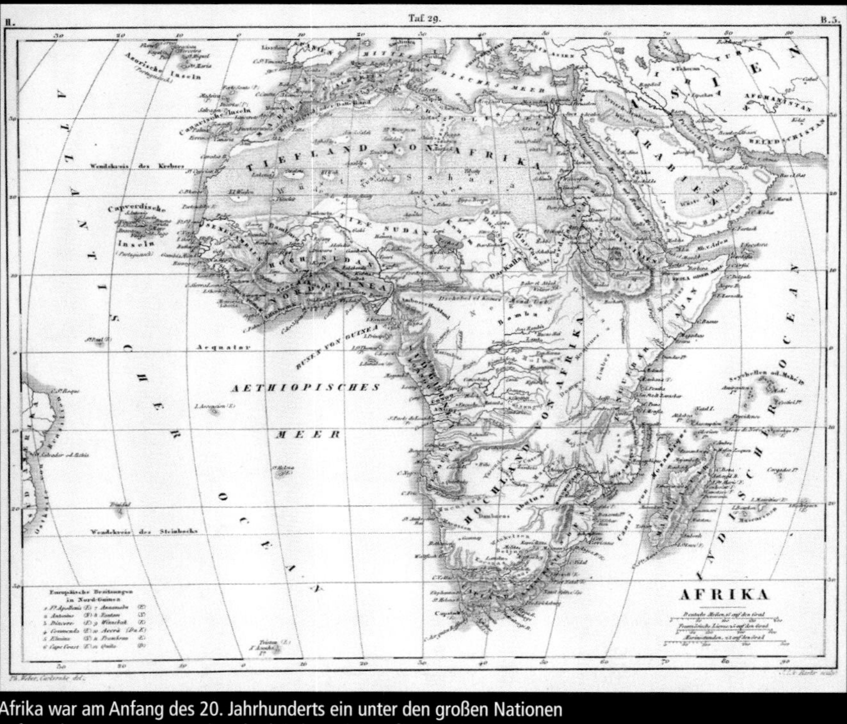

Afrika war am Anfang des 20. Jahrhunderts ein unter den großen Nationen aufgeteilter Kontinent – und zugleich Sehnsuchtsort für Abenteurer aller Art.

WAS SONST NOCH GESCHAH:

Am 1. Januar 1903 trat eine neue Rechtschreibung für Deutschland, die Schweiz und Österreich in Kraft, bei der vor allem das »th« eliminiert wurde, sodass es fortan »Turm« statt »Thurm« hieß. Lediglich der »Thron« behielt auf Weisung von Kaiser Wilhelm II. sein »th«.

Am 31. Januar 1903 trat ein Gesetz in Kraft, das Kindern die Arbeit in Ziegeleien, Baubetrieben und Fuhrwerksunternehmen verbot. In Frankreich gingen am 1. Juli 1903 Radprofis zur ersten Tour de France an den Start.

Der deutsche Hochfrequenztechniker Christian Hülsmeyer stellte am 30. April 1904 das von ihm entwickelte »Telemobiloskop«, einen Vorläufer des Radars, vor, das sich jedoch nicht durchsetzte. Am 25. September 1904 wurde der Bau der Transsibirischen Eisenbahn vollendet; seit 1891 war an der Trasse gearbeitet worden.

In Le Mans standen am 26. Juni 1906 32 Rennwagen am Start des ersten offiziellen Grand Prix. Der Ungar Ferenc Szisz siegte mit einem Durchschnitt von 101,195 km/h. Am 10. Juni 1907 starteten in Peking fünf Rennwagen zum Rennen Peking–Paris. Sieger war am 10. August der italienische Fürst Scipione Borghese.

Der deutsche Physiker Albert Einstein veröffentlichte 1905 seine Relativitätstheorie und revolutionierte damit das physikalische Weltbild. Am 11. August 1905 starteten 102 Teilnehmer zur ersten siebentägigen Herkomer-Fahrt, bei der vor allem die Zuverlässigkeit der Fahrzeuge im Mittelpunkt stand.

Das erste Länderspiel einer deutschen Fußballnationalmannschaft endete am 5. April 1908 mit einer 3:5-Niederlage gegen die Schweiz. Am 12. August 1908 kam mit dem Ford Model T das erste Fahrzeug für den »kleinen Mann« auf den Markt.

Wilhelm von Opel siegte am 17. Juni 1909 bei der Prinz-Heinrich-Fahrt vor einem Mercedes. Auf der britischen Rennstrecke Brooklands stellte der französische Rennfahrer Victor Hémery mit 202,68 km/h einen neuen Geschwindigkeitsrekord auf und übertraf als erster Mensch die Marke von 200 km/h.

Am 30. Mai 1911 fand in Indianapolis erstmals das 500-Meilen-Rennen statt. Erster Sieger war Ray Harroun mit einem Marmon Wasp. Prinz Heinrich, bekennender Automobilfreund, eröffnete am 12. Oktober 1911 die erste Internationale Automobil-Ausstellung (IAA) in Berlin.

In Detroit begann am 16. August 1913 eine neue Epoche der Automobilproduktion: Bei der Ford Motor Company nahm das erste Fließband den Betrieb auf.

Fritz von Opel siegt am 24. September 1921 beim ersten Rennen auf der Berliner Automobil-Verkehrs- und Übungsstraße (AVUS). Am 6. August 1922 treffen der Hamburger SV und der 1. FC Nürnberg im Wiederholungsspiel um die deutsche Fußballmeisterschaft aufeinander. Da es auch hier keinen Sieger gibt, wird in diesem Jahr kein deutscher Fußballmeister gekürt.

In Le Mans findet am 26. Mai 1923 das erste 24-Stunden-Rennen statt. Den Sieg erringt das Team André Lagache und Albert Léonard.

DAS DREIRAD VON CARL BENZ: AUF DREI RÄDERN IN DIE ZUKUNFT

Zugegeben, es grenzt an Majestätsbeleidigung, das erste Automobil der Welt in ein Buch über die kuriosesten Autos der Welt aufzunehmen. Doch mal ganz ehrlich: Das Dreirad, mit dem 1886 die Geschichte der Automobilität begann, trägt mit seinen dünnen Rädern und dem zerbrechlich wirkenden Aufbau alle Züge eines seltsamen Gefährts. Carl Benz selbst sah seine Erfindung übrigens nicht als Automobil, sondern beschrieb sein Vehikel in seiner Patentanmeldung beim Reichspatentamt als »Tricycle«, das von einem Einzylinder-Viertaktmotor mit der überschaubaren Leistung von 0,67 PS bei 250 Umdrehungen pro Minute angetrieben wurde. Die Höchstgeschwindigkeit lag bei 16 km/h. Benz hatte sich zunächst an einem Zweitaktantrieb versucht, diese Entwicklung dann jedoch aufgegeben und seinen Viertaktmotor weiterentwickelt. In jenen Jahren gab es zwar bereits Dampfkraftwagen und sogar Omnibusse mit Dampfantrieb, doch niemand hatte gewagt, einen Verbrennungsmotor zum Antrieb eines Fahrzeugs einzusetzen. Der von Nikolaus Otto erfundene Viertaktmotor kam ausschließlich im stationären Betrieb zum Einsatz.

Für sein Vehikel erhielt Benz am 1. August 1888 vom Großherzoglich Badischen Bezirksamt den weltweit ersten Führerschein, der allerdings nur für Versuchsfahrten rund um Mannheim galt. Längere Strecken zu fahren, um die Fähigkeiten seiner Erfindung unter Beweis zu stellen, kam für den zaudernden Ingenieur nicht infrage. Seine Frau Bertha war

da mutiger: An einem sonnigen Augustmorgen setzte sie die gemeinsamen Söhne auf die Sitzbank des seltsamen Dreirads und begab sich auf die erste automobile Fernfahrt der Welt ins rund 100 Kilometer entfernte Pforzheim, um ihre Eltern zu besuchen.
Carl Benz hatte zuvor im Unternehmen seines Schwiegervaters gearbeitet und diesen mit seiner Idee, ein motorisiertes Fahrzeug zu konstruieren, immer wieder strapaziert. Um seine Vision zu verwirklichen, zog die Familie schließlich nach Mannheim, wo Benz erfolgreich stationäre Motoren produzierte, jedoch unverdrossen an der Entwicklung eines motorisierten Fahrzeugs weiterarbeitete.
Nicht nur sein Schwiegervater stand der Idee ablehnend gegenüber, auch seine Geschäftspartner hielten wenig von seinem vermeintlichen Spleen. Allein seine Frau vertraute ihm und investierte ihre gesamte Mitgift in die Entwicklung. Ohne diesen familiären finanziellen Rückenwind wäre das Dreirad vermutlich nie auf die Straße gekommen.
Die Gespräche des Ehepaars darüber, wie mit der Erfindung weiter zu verfahren sei, sind nicht überliefert. Offensichtlich war Bertha Benz jedoch darauf bedacht, der Welt das erste Automobil zu zeigen und zugleich potenzielle Kunden zu gewinnen. Denn die Öffentlichkeit setzte damals noch auf bewährte Pferdestärken vor der Kutsche. Beim Benz-Dreirad lag der Antrieb im Heck. Bertha Benz erwies sich nicht nur als wagemutige Fahrerin, sondern gab ihrem Mann auch wichtige Hinweise zur Verbesserung des Fahrzeugs – unter anderem den Lederbeschlag für die Bremsen, womit sie ganz nebenbei als Erfinderin der Bremsbeläge in die Automobilgeschichte einging.
Sechs Jahre nach seinem ersten dreirädrigen Modell wechselte Benz schließlich mit dem Patent-Motorwagen Velo zu einer Konstruktion mit vier Rädern. Während die potenzielle Kundschaft im Deutschen Kaiserreich der neuen Erfindung zunächst zurückhaltend gegenüberstand – Kaiser Wilhelm II. sagte dem Pferd eine »große Zukunft« voraus –, begann sich das Automobil vor allem in Frankreich zu verbreiten. Dort profitierten die frühen Automobilisten von einem vergleichsweise gut ausgebauten Straßennetz, das noch auf die Zeit Napoléons zurückging.

Die Automobilität begann auf drei Rädern, doch bald gesellte sich ein viertes Rad dazu.

Für den Familienausflug war das erste Dreirad-Automobil – nach heutigen Maßstäben – nur sehr bedingt geeignet.

Das Motor-Dreirad von Carl Benz markiert den Beginn der modernen Automobilität.

PORSCHE MIXTE HYBRID-PIONIER

Seit Ende 1997, als das Unternehmen Toyota den Prius auf den Markt brachte, feiert sich der Konzern als Hybrid-Pionier. Tatsächlich beginnt die Geschichte der Kombination aus Elektro- und Verbrennungsmotor jedoch bereits zu Beginn des 20. Jahrhunderts. Ferdinand Porsche war schon als Jugendlicher von der Elektrizität fasziniert und begann seine Karriere als Fahrzeugentwickler folgerichtig mit Elektromobilen, die er zunächst für das österreichische Unternehmen Lohner entwickelte. Die Geschichte von Porsche beginnt also elektrisch. Der Elektromotor im Egger-Lohner C.2

Beim Porsche »Mixte« übernahmen elektrische Radnabenmotoren den elektrischen Antrieb.

Phaeton leistete überschaubare 2,5 PS und beschleunigte das Gefährt auf maximal 25 km/h. Auf der Weltausstellung 1900 in Paris präsentierte das Unternehmen eine Weiterentwicklung, für die der damals 24-jährige Porsche einen elektrischen Radnabenmotor für die beiden Vorderräder entwickelte. Dadurch verdoppelte sich die Leistung der Konstruktion auf fünf PS, und es wurde eine Höchstgeschwindigkeit von immerhin 37 km/h erreicht. Firmeninhaber Jakob Lohner begründete die Konzentration auf den Elektroantrieb damals mit der durch »die in großer Anzahl auftretenden Benzinmotoren erbarmungslos verdorbenen« Luftqualität. Die Berliner Zeitung zeigte sich von der neuen Technik, die Porsche eine Goldmedaille der Ausstellung einbrachte, begeistert: »Die epochemachende Neuheit des Wagens besteht in der gänzlichen Beseitigung aller Zwischengetriebe (...) durch den Einbau der Elektromotoren, System Porsche, in die Naben der Vorderräder.« Auch Lohner selbst war von seinem Konstrukteur überzeugt: »Das ist ein Mann, der eine große Karriere vor sich hat. Sie werden noch viel von ihm hören – sein Name ist Ferdinand Porsche.«
Allerdings suchte Porsche schon damals nach mehr Leistung. Die Elektromobile brachten aufgrund der schweren Batterien ein enormes Gewicht auf die Waage, und auch die geringe Reichweite ließ den Verbrennungsmotor diese Antriebsform bald überholen – ein Problem, das bis heute vertraut klingt. Porsche zog sich erneut an den Schreibtisch zurück, suchte nach einer Lösung und erfand schließlich das erste Hybridfahrzeug.
Für seine Entwicklung wählte er den programmatischen Namen »Mixte-Wagen«. Dabei wurde der Akku über einen Verbrennungsmotor aus dem Hause Daimler in Wiener Neustadt aufgeladen. Der Motor trieb einen Generator an, der die elektrische Energie an die Radnabenmotoren weiterleitete. Der österreichisch-ungarische Geschäftsmann Emil Jellinek, dem die automobile Welt die Mercedes-Modelle verdankt, bestellte gleich sieben dieser Mixte-Fahrzeuge.

Mit seinem »Mixte« brachte Ferdinand Porsche das erste Hybrid-Fahrzeug überhaupt auf die Straße.

Beim österreichischen Gaisberg-Rennen erlebte der Porsche-Hybrid seine Feuertaufe.

ITALA STATE CARRIAGE

BAROCK FÜR DEN KÖNIG

Die Marke Itala erfreute sich zu Beginn des 20. Jahrhunderts großer Beliebtheit bei wohlhabenden Käufern.

Matteo Ceirano war ein ehrgeiziger Zeitgenosse. Der Mann wollte Rennen gewinnen, doch seine Erlebnisse mit Fiat-Modellen verliefen immer wieder unbefriedigend. Und was macht der Ingenieur? Er gründet 1904 sein eigenes Unternehmen, wählt als Namen Itala und hatte auf Anhieb Erfolg und gewann bereits im Gründungsjahr das Bergrennen von Susa-Monte Cenisio, und 1906 sicherte sich ein Itala den Sieg bei der Targa Florio. Ein Jahr später fuhr Prinz Scipione Borghese bei dem Langstreckenrennen Peking-Paris unangefochten auf den ersten Platz. Das Modell steht heute im Museo Nazionale dell'Automobile in Turin.

Spätestens mit diesem Erfolg wurde die junge und exklusive Marke für die Schönen und Reichen der italienischen Gesellschaft interessant. Die Modelle hatten großvolumige Motoren mit bis zu 12.924 Kubikzentimetern. So gut wie alle europäischen Herrscher ließen sich in jenen Jahren in einem Itala chauffieren. 1907 rollte ein Itala als Staatskarosse in den Fuhrpark des italienischen Königs. Während der Chauffeur den meteorologischen Verhältnissen schutzlos ausgeliefert war, saßen Herr und Frau König im Fond bei Bedarf unter einem

Verdeck – allerdings war die barocke Motorkutsche vermutlich nur bei sommerlichen Verhältnissen im Einsatz.
Itala hatte als Luxusmarke seine größten Erfolge in der Zeit vor dem Ersten Weltkrieg. Die Marke entwickelte damals ventillose Motoren, die als »Avalve« angeboten wurden. Die Stückzahlen der Fahrzeuge bewegten sich damals zumeist im dreistelligen Bereich. Deshalb begann das Unternehmen bereits vor dem Kriegsausbruch mit der Entwicklung von Flugzeugmotoren und produzierte während des Krieges Flugantriebe von Hispano Suiza in Lizenz. Außerdem entstanden in der Fabrik auch Lastwagen.
Nach Kriegsende war das Unternehmen wieder erfolgreich, und 1923 verließen rund 1100 Modelle, doch ein Jahr später übernahm die staatliche Behörde mit dem unerfreulichen Namen »Instituto Finanziario Italiano di Liquidazione« die Leitung. Am Ende konnte auch die Entwicklung des schwimmfähigen Panzerspähwagens Itala Autoblinda Anfibio im Jahr 1929 den Untergang des Unternehmens nicht verhindern. 1934 wurde die Fertigung endgültig eingestellt und die Reste der Marke – was für eine Ironie der Geschichte – von Fiat übernommen.

Mit einem eigens aufgebauten Itala entschied Prinz Scipione Borghese 1907 das berühmte Rennen von Peking nach Paris für sich.

In seiner Blütezeit zog Itala auf Automobilausstellungen besondere Aufmerksamkeit auf sich.

Bis Anfang der 1920er-Jahre zählte Itala zu den erfolgreichen Herstellern luxuriöser Automobile.

THE SWAN CAR

EIN AUTOMOBILER ALBTRAUM

Der Swan Car versetzte einst die Bewohner Kalkuttas in Schrecken – schließlich untersagte die Stadtverwaltung seinen Einsatz.

Nicholl »Scotty« Matthewson hatte sein Vermögen in Indien gemacht und residierte in Kalkutta auf seinem Anwesen »Swan Park«. Das mag ein Hinweis darauf sein, warum er die Automobilgeschichte um eines der wohl exzentrischsten Fahrzeuge überhaupt bereicherte. Im Jahr 1909 reiste Matthewson nach London und beauftragte die britische Manufaktur Brooke mit dem Bau eines Automobils, das einem Schwan so weit wie möglich ähneln sollte.
Brooke and Company war zu jener Zeit ein renommierter Hersteller von Motoren, die vor allem in Booten zum Einsatz kamen. Neben dem Swan Car entstanden dort noch neun weitere Fahrzeuge. Die Holzkarosserie fertigte das Unternehmen Lynn, das sich zuvor einen Namen mit dampfbetriebenen Kirmeswagen gemacht hatte. Auf den hölzernen Unterbau modellierten die Handwerker einen Gipsaufbau, bei dem die Federn eines Schwans aufwendig herausgearbeitet wurden. Matthewson ließ sich diese extravagante Idee rund 15.000 Pfund kosten – dafür hätte er auch sechs Rolls-Royce Silver Ghost erwerben können. Trotz des lukrativen Auftrags war das Fahrzeug Brooke am Ende offenbar peinlich, denn man verzichtete vollständig auf jeden Hinweis auf die eigene Urheberschaft.
Der Körper des Vogels erstreckte sich über den vorderen Teil des Vehikels, die Scheinwerfer waren in den Augen des Schwans integriert. Durch den Schnabel konnte der Chauffeur heißes Wasser spritzen, um sich den Weg freizublasen. Zusätzlich verfügte das Fahrzeug über eine infernalisch laute Hupe. Um die Reifen sauber zu halten, waren Bürsten an den Rädern montiert, und Matthewson konnte von seinem Platz im Fond aus Befehle an den im Freien sitzenden Chauffeur übermitteln. Am Heck ließ sich über eine Vorrichtung weißer Schleim ablassen – eine Funktion, die in der Bevölkerung ebenfalls wenig Begeisterung auslöste.

Der Swan Car entstand in London bei der renommierten Firma Brooke & Company.

Heute befindet sich der Swan Car im Lowman Museum und zählt bei Oldtimerveranstaltungen zu den besonderen Blickfängen.

Zum 20-jährigen Porsche-Markenjubiläum in China entwarf der schottische Designkünstler Chris Labrooy 2021 eine Neuinterpretation des Swan Car.

Mit seiner Schöpfung wollte Matthewson gezielt die Elite Kalkuttas provozieren, die in konventionellen Luxusfahrzeugen unterwegs war – und das mit durchschlagendem Erfolg. Bereits die erste Ausfahrt sorgte für erheblichen Aufruhr in der indischen Metropole. Zeitungen berichteten von vor Angst schreienden Frauen und flüchtenden Tieren. Anfang des 20. Jahrhunderts war der Verkehr in Kalkutta ohnehin bereits dicht, und das Letzte, was die Behörden gebrauchen konnten, war ein Fahrzeug, das zusätzlich Angst und Schrecken verbreitete. Die amtliche Reaktion folgte prompt: Der Swan Car wurde verboten.
Matthewson blieb nichts anderes übrig, als seine Schöpfung zu verkaufen. Der Maharadscha von Naba ließ sich diese Gelegenheit nicht entgehen und griff zu – sein Besitz war groß genug, um den Swan Car überhaupt bewegen zu können. Doch schon bald darauf musste er abdanken, und sein neunjähriger Sohn bestieg den Thron. Damit auch der junge Herrscher in einem Schwanenmobil über die Latifundien patrouillieren konnte, entstand der sogenannte »Baby Swan Car«, diesmal mit Elektroantrieb.
In den 1980er-Jahren wurde die Automobilsammlung des Maharadschas einschließlich der beiden Swan Cars verkauft. Nach aufwendiger Restaurierung sind die beiden Exemplare heute im niederländischen Louwman Museum zu sehen.
Mehr als 100 Jahre später erhielt der exzentrische Swan Car tatsächlich einen Nachfolger. Im Jahr 2021 überraschte Porsche anlässlich des 20-jährigen Markenjubiläums in China mit einem Kunstauto nach einem Entwurf des schottischen Designkünstlers Chris Labrooy – offenbar haben Schotten ein besonderes Verhältnis zu Schwänen. Der »Porsche Schwan« ist allerdings nicht fahrbereit, sondern eine aufblasbare Interpretation eines Porsche 911. Mit dem Projekt griff Porsche chinesische Symbolik auf, in der der Schwan als Glücksbringer gilt.

REEVES OVERLAND OCTOAUTO

EIN PAAR RÄDER MEHR

Mit seinen acht Rädern sollte das Octoauto den Fahrkomfort auf den damals oft schlechten Straßen verbessern.

Milton Reeves stammte aus einer wohlhabenden Industriellenfamilie und brachte beste Voraussetzungen mit, selbst zu einem bedeutenden Erfinder zu werden. Tatsächlich trugen zum Zeitpunkt seines Todes im Jahr 1925 mehr als 100 Patente seinen Namen. Das Familienunternehmen zählte gegen Ende des 19. Jahrhunderts zu den größten Landmaschinenherstellern der USA und lieferte zudem Antriebe für Sägewerke. Ohne sein Octoauto allerdings wäre Reeves wohl nur wenigen Spezialisten ein Begriff geblieben.

Die Urteile über dieses Automobil gehen bis heute weit auseinander. Der zu seiner Zeit berühmte amerikanische Schriftsteller Elbert Hubbard pries das Octoauto 1911 in einem Magazinartikel als ein Fahrzeug der Reeves Pulley Company und bezeichnete es als »beispiellos bequem, leistungsfähig und verschleißarm«. Ganz anders fiel das Urteil des Magazins Time rund hundert Jahre später aus: Dort landete das Octoauto auf Platz drei der schlimmsten Autos aller Zeiten.

Tatsächlich war die Konstruktion vor allem eines: außergewöhnlich. Bereits 1888 hatte Milton Reeves beschlossen, sich als Automobilproduzent einen Namen zu machen. Das war in den USA jener Zeit nichts Ungewöhnliches, denn überall entstanden neue Autofabriken – die meisten von ihnen verschwanden allerdings ebenso schnell wieder. Bis 1896 brachte Reeves vier Modelle auf die Straße, die sich vor allem durch ihre akustische Zurückhaltung von der Konkurrenz abhoben. Möglich wurde dies durch ein ursprünglich für den Einsatz in Sägewerken entwickeltes Getriebe, das die Geräuschentwicklung deutlich reduzierte. Im Prinzip handelte es sich um eine frühe Form der Variomatik, die höhere Geschwindigkeiten bei niedrigeren Drehzahlen erlaubte. Zudem erfand Reeves den Schalldämpfer für die Abgasanlage – eine Entwicklung, die ihn später zu einem sehr wohlhabenden Mann machen sollte.

Als nächstes widmete er sich dem damals noch äußerst mangelhaften Fahrkomfort und brachte 1911 das Octoauto auf den Markt.

In der Frühzeit des Automobils verfügten die Fahrzeuge noch über von Kutschen übernommene Blattfedern, die Straßen außerhalb der Metropolen waren nach heutigen Maßstäben kaum befahrbar, und die Straßenlage früher Autos galt als unberechenbar. Reeves nahm sich seinen Landsmann George Pullman zum Vorbild, der den Komfort von Eisenbahnschlafwagen deutlich gesteigert hatte, indem er die Anzahl der Räder verdoppelte. Genau dieses Prinzip, so Reeves, müsse auch beim Automobil funktionieren.

Das Ergebnis war das Octoauto. Zur Umset-

Mit einer Länge von rund acht Metern übertraf das Octoauto die Abmessungen der damals üblichen Automobile deutlich.

Milton Reeves galt zu seiner Zeit als anerkannter Erfinder und hielt rund hundert Patente.

Die acht Räder machten das Octoauto zu einer außergewöhnlichen und exotischen Erscheinung.

Für seine ungewöhnliche Konstruktion verlangte Reeves 3200 Dollar – etwa so viel wie vier Ford Model T.

zung seiner Idee erwarb Reeves eine Limousine des damals renommierten Herstellers Overland und ließ sowohl vorne als auch hinten zusätzliche Achsen montieren. Dadurch wuchs die Länge des Fahrzeugs auf rund acht Meter. Tatsächlich ließ sich das Ungetüm bewegen, was seinem Erfinder viel Anerkennung in Fachkreisen einbrachte. Die potenzielle Kundschaft jedoch blieb skeptisch. Reeves selbst pries seine Entwicklung als den »einzigen leicht zu fahrenden Wagen der Welt«. Der von einem 40 PS starken Motor angetriebene Vierachser bot zwar einen außergewöhnlichen Fahrkomfort, hatte jedoch einen entscheidenden Nachteil: Für den Preis von 3.200 Dollar – heute etwa 100.000 Dollar – konnte man gleich vier Ford Model T erwerben.

Zwar verlangten die Reichen und Schönen jener Zeit durchaus nach Luxus, doch bitte nicht in einer derart eigenwilligen Verpackung. Nachdem auch weitere Versuche scheiterten, sein Konzept eines komfortablen Luxusmobils am Markt zu etablieren, zog sich Reeves aus der Automobilproduktion zurück. Er konzentrierte sich fortan wieder auf sein Brot-und-Butter-Geschäft und belieferte die Automobilindustrie mit Motoren, Getrieben und anderen Komponenten.

OPEL 13/30
DAS EI AUS RÜSSELSHEIM

Der von Max Lochner entwickelte Opel 13/30 gilt als eines der ersten aerodynamisch gestalteten Automobile.

Max Lochner war ein großer Pferdefreund. Umso überraschender erscheint es, dass der Mann aus wohlhabendem Hause sich intensiv mit der Aerodynamik von Automobilen beschäftigte. Den von ihm entwickelten »Lochner-Sattel« ließ er zwar patentieren, doch neben seiner Leidenschaft für Vierbeiner interessierte er sich ebenso für technische Fragestellungen – ein Interesse, das schließlich zur Entstehung eines außergewöhnlichen Opel-Modells führte.

Der Opel 13/30, wenig schmeichelhaft auch »Opel Ei« genannt, gilt als das erste strömungsgünstig gestaltete Fahrzeug der Automobilgeschichte. Diese Entwicklung ließ sich der ambitionierte Autodidakt im Jahr 1912 rund 120.000 Goldmark kosten – nach heutigem Maßstab etwa 750.000 Euro. Dank der hoch aufragenden, nahezu kreisrunden Karosserie konnten die Passagiere die Höchstgeschwindigkeit von 95 km/h sogar im Stehen erleben. Das galt zur damaligen Zeit als atemberaubend schnell, denn vergleichbare Geschwindigkeiten erreichten sonst nur speziell entwickelte Rekordfahrzeuge. Ein nicht unwesentlicher Nebeneffekt: Die Herren konnten ihren Zylinder beim Einsteigen aufbehalten und blieben während der Fahrt dank der gut abgedichteten Karosserie von Staubwolken verschont.

Allein die geschlossene Bauweise machte das »Opel Ei« zu einer absoluten Ausnahmeerscheinung. Die meisten Fahrzeuge jener Epoche waren offene Konstruktionen, die ihre

Insassen allenfalls mit fragwürdigen Verdecken vor Wind und Wetter schützten. Dicke Mäntel, Schutzbrillen und Hauben gehörten zur Standardausrüstung früher Automobilisten. Eine geschlossene Ganzstahlkarosserie hingegen war eine echte Kuriosität. Das – so die Überlieferung – rot lackierte Lochner-Fahrzeug muss auf Zeitgenossen wie ein Automobil von einem anderen Stern gewirkt haben. Lochners Gedankengang war dabei vergleichsweise simpel: Eine besonders windschnittige Form versprach höhere Geschwindigkeiten bei geringerem Verbrauch.
Als technische Basis wählte der Fabrikantensohn einen Opel 13/30, dessen 3,3-Liter-Motor 30 PS leistete. Die Serienversion erreichte damit maximal etwa 70 km/h. Genaue technische Daten des »Lochner-Opel« sind heute nicht mehr überliefert. Anhand historischer Fotografien schätzen Experten die Länge auf rund 4,5 Meter, die Breite auf etwa 1,8 Meter. Die Höhe des Aufbaus betrug beeindruckende 2,5 Meter. Offenbar fand auch das Militär Gefallen an dem ungewöhnlichen Fahrzeug: 1914 wurde das »Opel Ei« vom kaiserlichen Automobilcorps beschlagnahmt. Wo der Wagen anschließend eingesetzt wurde, ist nicht bekannt. Sicher ist nur, dass er auf irgendeinem Schlachtfeld verschwand – und damit eines der frühesten aerodynamischen Automobile der Geschichte für immer verloren ging.

Im Gegensatz zum »Opel-Ei« waren Chauffeur und Passagiere bei den damals üblichen Automobilen, wie hier beim Opel 40/100, noch weitgehend der Witterung ausgesetzt.

LA JAMAIS CONTENTE
DIE RASENDE ZIGARRE

Der Rekordwagen »La Jamais Contente« war das erste Fahrzeug, das eine Geschwindigkeit von über 100 km/h erreichte.

Zu Beginn der Automobilgeschichte war keineswegs ausgemacht, dass der Verbrennungsmotor die Zukunft dominieren würde. Neben den damals weit verbreiteten dampfbetriebenen Fahrzeugen konkurrierten auch Elektromobile um die Gunst der Kundschaft. Um die Wende zum 20. Jahrhundert gab es beispielsweise in New York mehr elektrisch angetriebene Fahrzeuge als solche mit Verbrennungsmotor. Letztere ließen sich nur mühsam starten, denn die Anlasserkurbel war nicht nur unpraktisch, sondern auch gefährlich. Erst die Entwicklung des elektrischen Anlassers verhalf dem Verbrennungsmotor endgültig zum Durchbruch. Zudem erlaubte diese Antriebsform deutlich größere Reichweiten ohne technische Einschränkungen.
Am 29. April 1899 jedoch war es ein speziell für Rekordfahrten konzipiertes Elektrofahrzeug, das erstmals die magische Marke von 100 km/h durchbrach. Verantwortlich für die »rasende Zigarre« war der belgische Ingenieur Camille Jenatzy, Leiter eines auf Elektro-Pkw und -Lkw spezialisierten Unternehmens. Der bis dahin gültige Geschwindigkeitsrekord lag bei vergleichsweise bescheidenen 62,78 km/h – ebenfalls erzielt mit einem elektrisch angetriebenen Rekordwagen.
Die rund zwei Kilometer lange Strecke bei Achères diente Ende des 19. Jahrhunderts regelmäßig als Schauplatz spektakulärer Rekordversuche. Mutige Piloten trafen sich dort mit ihren teils abenteuerlichen Konstruktionen zu Wettfahrten. Am 29. April 1899 gelang Jenatzy mit seiner Konstruktion »La Jamais Contente« – übersetzt »Die niemals Zufriedene« – schließlich der ersehnte Durchbruch. Die Zeitnehmer ermittelten eine Höchstgeschwindigkeit von 105,882 km/h. Damit war der Belgier der erste Mensch, der schneller als 100 km/h gefahren war. Drei Jahre lang durfte sich Jenatzy als Rekordhalter feiern lassen, ehe Léon Serpollet am 13. April 1902 mit seinem Dampfwagen Œuf de Pâques (Osterei) eine Geschwindigkeit von 120,80 km/h erreichte.
Wahrscheinlich hätte Jenatzy noch deutlich

schneller fahren können, wenn der Aerodynamik größere Aufmerksamkeit geschenkt worden wäre. Der Fahrer saß aufrecht hinter dem Lenkrad und wirkte wie eine regelrechte Luftbremse. Zwar war die zigarrenförmige Karosserie aus einer Legierung aus Aluminium, Wolfram und Magnesium grundsätzlich strömungsgünstig ausgelegt, doch hatte man es versäumt, den Piloten in dieses aerodynamische Konzept einzubinden. Zudem verzichteten die Konstrukteure auf eine Verkleidung der Räder – ein weiterer Faktor, der wertvolle Geschwindigkeit kostete.

Um die blau-grau lackierte »Jamais Contente« auf Tempo zu bringen, standen Jenatzy lediglich ein Lenkstock, eine Handbremse und ein Fußhebel zur Verfügung. Der Antrieb bestand aus zwei Elektromotoren mit jeweils 25 kW Leistung, gespeist von einer 200-Volt-Anlage mit 125 Ampere. Die notwendige Energie lieferte ein Bleiakku mit 82 einzelnen Zellen, der allein rund 850 Kilogramm wog. Die Reifen stammten von Michelin, das das Rekordfahrzeug später als rollendes Labor für die eigene Reifenentwicklung nutzte.

Die zigarreähnliche Konstruktion wurde von einem Elektromotor angetrieben.

Der Pilot saß ungeschützt hinter dem Lenkrad. Die Reifen lieferte übrigens Michelin.

Nach der Rekordfahrt wurde der belgische Pionier Camille Jenatzy als Held gefeiert.

LEMS RUNABOUT ELEKTRISCH AUS LONDON

Der kompakte LEMS-Elektroflitzer war mit einem Preis von 189 Guineas alles andere als ein Schnäppchen.

Ein Runabout, so das Lexikon, war in den Anfangsjahren der Automobilität eine beliebte offene Karosserieform, die zumeist für kleine und vor allem preiswerte Modelle gewählt wurde. Die meist für den Stadtverkehr entwickelten Vehikel boten Platz für Fahrer und Beifahrer und wurden in den ersten Jahren des 20. Jahrhunderts nicht selten von Elektromotoren angetrieben. Den Antrieb platzierten die Entwickler häufig unter der Sitzbank, sodass Chauffeur und Passagier eine erhöhte Sitzposition einnahmen.

Besonders beliebt war der Elektroantrieb auch deshalb, weil diese Modelle deutlich einfacher zu starten waren. In London bot das London Electromobile Syndicate (LEMS) zwischen 1903 und 1904 einen zweisitzigen Runabout für 180 Guineas an – kein Sonderangebot, denn das entspricht heute rund 32.000 Euro.

Dafür erhielten die LEMS-Kunden einen offenen Zweisitzer – angesichts der meteorologischen Verhältnisse auf der Insel nicht unbedingt ein Vergnügen. Die Höchstgeschwindigkeit lag bei lediglich 19 km/h, und nach gut 60 Kilometern musste die Batterie des Stadtflitzers wieder aufgeladen werden. Kein Wunder also, dass der LEMS Runabout nur zwei Jahre lang, von 1903 bis 1904, gebaut wurde.

Dennoch blieben Elektrofahrzeuge zu dieser Zeit noch lange erbitterte Konkurrenten der Verbrennermodelle. Das änderte sich erst, nachdem Bosch den elektrischen Anlasser zur Serienreife entwickelt hatte.

DUNKLEY
ZUM TANKEN AN DIE STRASSENLAMPE

Der Dunkley ließ sich bequem an jeder Gaslaterne »auftanken«.

Dunkley hatte zum Anfang des 20. Jahrhunderts einen sehr guten Ruf als Hersteller von – Kinderwagen. Da ist es nur logisch, dass man sich auch als Automobilhersteller versuchte, und das Ergebnis war 1901 eine seltsame Konstruktion, die Gas als Energie nutze. Der Clou bei der Entwicklung war eine Rohrleitung, die es ermöglichte an den damals üblichen Gaslaternen, nun ja, den Reibstoff zu stehlen. Natürlich konnte man auch jede andere »Quelle« legal nutzen. Der »Patent Self-Charging Gas Motor Car« wurde rund fünf Jahre hergestellt. Die offene Konstruktion für Fahrer und Copilot war nicht sehr erfolgreich, und offensichtlich waren die Dunkley-Fahrer ehrliche Naturen, denn es ist keine Klage der Versorger gegen einen Dunkley-Besitzer bekannt. Bis 1923 entstanden noch einige weitere skurrile Modelle in der Alveychurch Street in Birmingham, und danach konzentrierte sich das Unternehmen wieder auf den Bau von Kinderwagen, die allerdings von einem ein PS starken Zweitaktmotor angetrieben wurden. Dabei stand das Kindermädchen auf einem Brett und steuerte das Gefährt durch die Stadt. Für besonders wagemutige Eltern stand auch Der »Saloon Pramotor« im Angebot, der von einem 21 PS starken Motor angetrieben wurde und mit 130 Guineas mehr kostete als ein Ford Model T.

PANHARD-LEVASSOR SKIFF

EIN BOOT FÜR DIE STRASSE

Das Design des Panhard Levassor Skiff versuchte, die Eleganz eines Motorboots mit der Technik eines Automobils zu vereinen.

Jean-Henri Labourdette übernahm 1910 das Karosseriebauunternehmen seines Vaters. Die 1858 gegründete Firma hatte zunächst Kutschen gefertigt und widmete sich ab 1899 der Entwicklung von Automobilkarosserien. Zu den wichtigsten Kunden zählte Panhard et Levassor, und im Jahr 1912 erteilte der damalige Generaldirektor des Unternehmens, Chevalier de Knyff, dem Karosseriebauer den Auftrag, ein leichtes und windschnittiges Fahrzeug für den privaten Gebrauch zu entwerfen. Der Chevalier, einer der Gründungsväter des Automobile Club de France, war leidenschaftlicher Motorsportler, und das neue Automobil sollte seine sportlichen Ambitionen unterstützen. Bereits bei seinem ersten Rennen Marseille–La Turbie im Jahr 1897 an der französischen Mittelmeerküste belegte de Knyff den vierten Platz. Seinen ersten Sieg errang er 1898 beim Rennen Paris–Bordeaux, dem ein Jahr später ein weiterer erster Platz bei der Tour de France Automobile folgte. Nach mehreren weiteren Erfolgen zog er sich 1903 aus dem aktiven Motorsport zurück und widmete sich fortan seinen Aufgaben bei Panhard et Levassor.
Das Ergebnis des Labourdette-Auftrags war ein Design, das eher an ein Motorboot als an ein Automobil erinnerte – daher auch der Name Skiff, der eigentlich ein kleines Segel- oder Ruderboot bezeichnet. Die Designer bei Labourdette machten sich ans Werk und präsentierten schließlich ein mit Mahagoniholz beplanktes Fahrzeug mit doppeltem Cockpit. Der Chevalier und seine Mitreisenden konnten ihren Platz allerdings nur mithilfe eines Einstiegsmechanismus hinter dem Lenkrad einnehmen, denn dem Skiff fehlten die Türen. Die elegant geschwungenen Kotflügel übersetzten die Wellenform eines Bootsrumpfs gewissermaßen in Blech. Mit seinem Skiff stand Chevalier de Knyff stets im Mittelpunkt der Aufmerksamkeit.
Das Originalfahrzeug verschwand später, ohne dass bekannt ist, was genau mit ihm geschah. 1970 starteten jedoch die Verantwortlichen des niederländischen Nationalen Automobilmuseums in Leiden eine Initiative zum Nachbau des Skiff. Als Basis diente ein originales Fahrwerk eines Panhard et Levassor aus dem Jahr 1912, das im Depot auf eine neue Bestimmung wartete. Unterstützt wurde das Projekt von Jean-Henri Labourdette selbst, der sein Wissen einbrachte, um den Skiff wiederzubeleben. Nach mehreren Jahren war der Nachbau vollendet und zählt heute zu den größten Attraktionen des Museums.

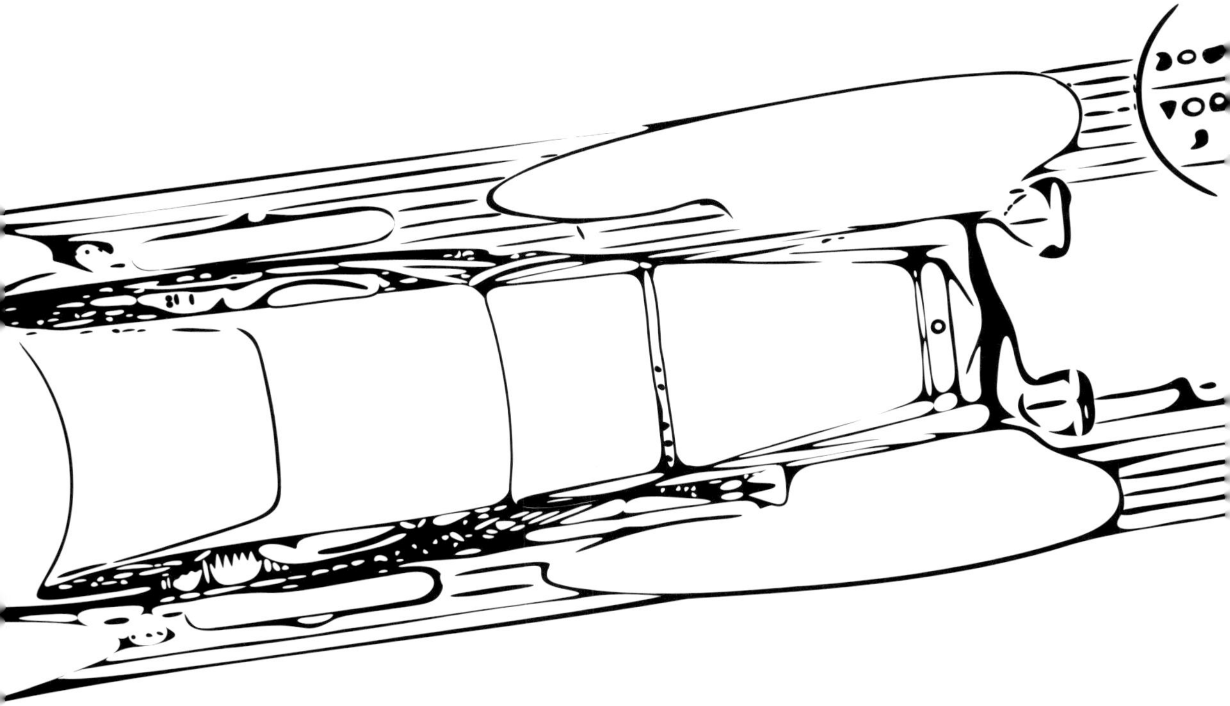

KÉGRESSE-KETTENFAHRZEUGE FÜR DIE WÜSTE

André Citroën war ein Mann, dem es nicht an Ideen mangelte, um das von ihm gegründete Unternehmen ins Rampenlicht zu rücken. Heute würde man solche Aktivitäten Marketing nennen. Im Jahr 1921 verbündete sich der Unternehmer mit den Ingenieuren Adolphe Kégresse und Jacques Hinstin, die über ein Patent auf einen Kettenantrieb verfügten. Citroën wollte diese Technik für seine Fahrzeuge nutzen, da sich derartige Konstruktionen besonders gut für den Einsatz in den französischen Kolonien eigneten. Bis 1937 produzierte Citroën diese Fahrzeuge, später setzte der Lastwagenhersteller Unic die Fertigung fort.

Adolphe Kégresse konnte zu diesem Zeitpunkt bereits auf eine lange Karriere im Automobilbau zurückblicken. Der Franzose war 1905 vom russischen Zaren Nikolaus II. nach Sankt Petersburg berufen worden, um sich um den Fuhrpark des Zarenhofs zu kümmern. Fünf Jahre später konstruierte er auf Wunsch des Herrschers sein erstes Fahrzeug mit Kettenantrieb am Heck – der Zar wollte

Adolphe Kegresse ersetzte die Hinterräder durch Ketten, wodurch die Fahrzeuge erstmals geländetauglich wurden.

Besonders beim Militär erwiesen sich die Kettenfahrzeuge als beliebt; Citroën setzte sie zudem für Fernfahrten ein.

auch bei winterlichen Bedingungen mobil bleiben. 1913 ließ sich Kégresse eine aus Kautschuk gefertigte Kette patentieren, und noch im selben Jahr erreichte ein Kettenfahrzeug auf der zugefrorenen Newa eine Geschwindigkeit von 60 km/h.
Ihren großen Auftritt hatten die Kégresse-Citroën-Kettenfahrzeuge bei insgesamt vier spektakulären Langstreckenfahrten. Nach der ersten Expedition durch die Sahara schickte Citroën seine Modelle auf eine Afrikadurchquerung und anschließend quer durch Asien. Den Abschluss bildete die sogenannte Croisière Blanche in der Arktis. Insbesondere die beiden Fahrten in Afrika hatten auch einen politischen Hintergrund: Frankreich demonstrierte seinen Kolonien, wie schnell die »Grande Nation« im Ernstfall auf dem Kontinent eingreifen konnte. Zugleich dienten die Expeditionen der wirkungsvollen Werbung für die Marke. So berichtete etwa das Magazin L'Illustration ausführlich über die Asienfahrt von Beirut nach Peking, die insgesamt 315 Tage dauerte – ein medialer Erfolg, der Citroën erheblich nutzte. Darüber hinaus plante André Citroën eine durchgehende Automobilverbindung quer durch Afrika. Dieses Projekt kam zwar nie zustande, obwohl die Strecke samt Raststationen bereits festgelegt war. Die für solche Einsätze vorgesehenen, speziell an extreme Bedingungen angepassten Fahrzeuge verfügten unter anderem über ein Sechsganggetriebe und Motoren mit Leistungen zwischen 22 und 28 PS. Die Zuverlässigkeit der Kégresse-Modelle überzeugte schließlich auch das französische Militär, das sie sowohl bei der Infanterie als auch bei der Artillerie einsetzte. Insgesamt entstanden 5.795 Kettenfahrzeuge nach dem Kégresse-Prinzip.

RUMPLER TROPFENWAGEN ABGEHOBEN & ABGESTÜRZT

Nach dem Ende des Ersten Weltkriegs musste sich Edmund Rumpler nach einem neuen Betätigungsfeld umsehen. Der Versailler Friedensvertrag verbot Deutschland den Bau von Flugzeugen, sodass der Flugzeugbauer Rumpler plötzlich vor dem Nichts stand. Doch da war ja noch die Automobilindustrie, und Rumpler begann mit der Entwicklung eines Fahrzeugs, bei dem er seine aerodynamischen Kenntnisse einsetzen wollte. Erfahrung hatte er bereits gesammelt, denn vor seiner Tätigkeit im Flugzeugbau hatte er für die Automobilhersteller Spyker in den Niederlanden und Adler in Deutschland gearbeitet.

Das Ergebnis präsentierte er am 23. September 1921 auf der Deutschen Automobilausstellung in Berlin – und verblüffte das Publikum. Ein derartiges Fahrzeug hatte man bis dahin noch nicht gesehen. Rumpler hatte seinem Automobil die Form eines Tropfens gegeben und sein gesamtes aerodynamisches Wissen in das Design einfließen lassen. Trittbretter suchte man ebenso vergeblich wie Kotflügel, und auch die Position des Chauffeurs auf einem einzelnen Sitz weit vorne war für die Besucher vollkommen neu.

Zwar hatten sich bereits vor

Edmund Rumpler brachte mit seinem Tropfenwagen aerodynamische Erkenntnisse erstmals auf die Straße.

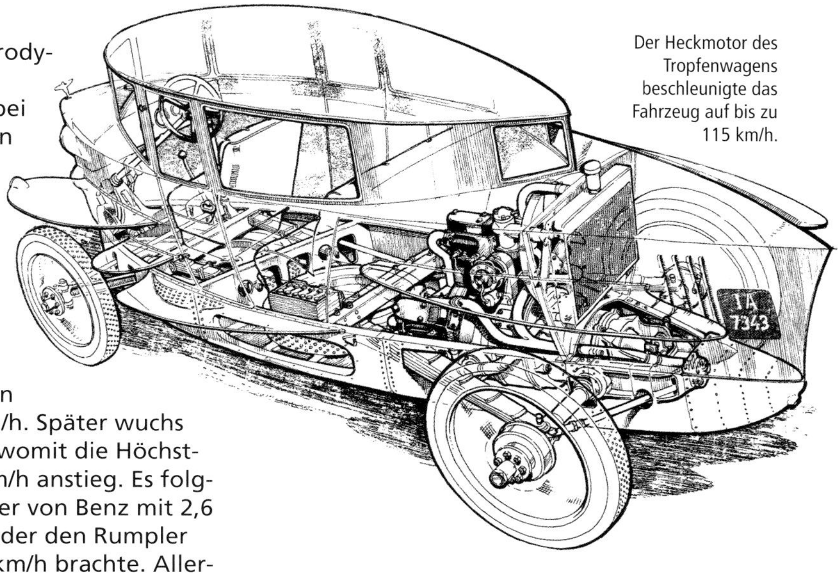

Der Heckmotor des Tropfenwagens beschleunigte das Fahrzeug auf bis zu 115 km/h.

Rumpler Ingenieure mit aerodynamischen Fragen beschäftigt, doch niemand war dabei so konsequent vorgegangen wie der Berliner Unternehmer. Angetrieben wurde der Wagen zunächst von einem 2,3 Liter großen Sechszylinder in W-Bauweise, der bei Siemens in Berlin gefertigt wurde. Der Motor leistete 35 PS und beschleunigte den rollenden Tropfen auf maximal 95 km/h. Später wuchs der Hubraum auf 2,5 Liter, womit die Höchstgeschwindigkeit auf 105 km/h anstieg. Es folgte schließlich ein Vierzylinder von Benz mit 2,6 Litern Hubraum und 50 PS, der den Rumpler Tropfenwagen bis auf 115 km/h brachte. Allerdings existierten zu jener Zeit kaum öffentliche Straßen, auf denen solche Geschwindigkeiten überhaupt gefahren werden konnten. Lediglich die 1923 eröffnete Berliner AVUS eignete sich für ein derartiges Tempo. Zudem spielte ein geringer Kraftstoffverbrauch damals noch keine entscheidende Rolle.

Erschwerend kam ein Streit mit dem als Aerodynamik-Pionier gefeierten Paul Jaray hinzu, der Rumplers Konzept öffentlich infrage stellte. Erst ein späterer Windkanaltest bestätigte die Richtigkeit der gewählten Form: Der Tropfenwagen erreichte einen bemerkenswerten cw-Wert von 0,28.

Vorne setzte Rumpler auf eine Starrachse, während im Heck eine von ihm entwickelte Pendelachse zum Einsatz kam, die später auch von anderen Herstellern übernommen wurde. Zweifelsohne war der Rumpler Tropfenwagen eine hochinnovative Konstruktion. Doch potenzielle Käufer entdeckten rasch zahlreiche Nachteile. Die Lenkung galt als Fehlkonstruktion, der Sechszylindermotor als unbefriedigend, und zudem fehlte ein klassisches Gepäckabteil. Zwar hätte sich all dies verbessern lassen, doch das Publikum entschied anders. Bis 1925 konnten lediglich knapp 100 Tropfenwagen verkauft werden.

In einem letzten Versuch, seine Konstruktion doch noch wirtschaftlich erfolgreich zu machen, rüstete Rumpler den Wagen mit »richtigen« Kotflügeln, zwei Scheinwerfern und Trittbrettern aus. Diese Zugeständnisse an den Geschmack der Kundschaft kamen jedoch zu spät. Die verbliebenen Tropfenwagen wurden schließlich an Taxiunternehmen abgegeben, deren Chauffeure sich an der ungewöhnlichen Sitzposition hinter dem Lenkrad nicht störten. Einen letzten, allerdings großen Auftritt hatte der Tropfenwagen 1926 in Fritz Langs legendärem Spielfilm Metropolis. Inmitten der futuristischen Großstadtkulisse verbrannten mehrere Tropfenwagen in einem flammenden Inferno. Heute existieren nur noch zwei Exemplare: eines im Deutschen Museum in München, das andere im Berliner Museum für Verkehr und Technik.

Der Cw-Wert von 0,28 setzte Maßstäbe in der Aerodynamik.

Die Konstruktion von Edmund Rumpler war seiner Zeit weit voraus, war aber dennoch kein Erfolg.

LEYAT HÉLICA
EIN FLUGZEUG FÜR DIE STRASSE

Der Leyat Hélica kam 1921 auf die Straße, konnte sich jedoch nicht dauerhaft durchsetzen.

Marcel Leyat (1885–1986) stammte aus der kleinen französischen Stadt Die im Département Drôme. 1909 baute er sein erstes Flugzeug, musste jedoch bald feststellen, dass es für seine Entwicklung keinen Markt gab. Er geriet in finanzielle Schwierigkeiten. Doch statt aufzugeben, widmete er sich der Entwicklung eines »Flugzeugs ohne Flügel«. Leyat war überzeugt, dass sich die Prinzipien des Flugzeugbaus auch auf den Automobilbau übertragen ließen. Damals galt der Propellerantrieb für Automobile in Frankreich zeitweise als Technik der Zukunft.

Fünf Jahre lang arbeitete Leyat an seiner Konstruktion, bis er sein exotisches Gefährt schließlich auf die Straße bringen konnte. Die »Illustrierte Motorzeitung« widmete dem Vehikel 1922 einen ausführlichen Artikel, in dem jedoch eine gewisse Skepsis deutlich wurde: »Das französische Leyat-Luftschrauben-Auto ist der erste Luftschrauben-Wagen, der im Verkehrsbild einer Stadt zu sehen war. Ob er sich dort zu halten und weiter durchzusetzen vermag, erscheint trotzdem auch heute noch fraglich.«
Der Autor sollte Recht behalten. Obwohl es

angeblich 600 Interessenten gab, wurden tatsächlich lediglich 30 Exemplare des Leyat Hélica hergestellt.
Der Hélica war tropfenförmig gestaltet. Er besaß zunächst zwei Räder vorne unter dem riesigen Holzpropeller und ein Rad am Heck; später erhielt der Wagen ein viertes Rad. Dank seines Holzrahmens war das Fahrzeug mit rund 600 Pfund extrem leicht. Tatsächlich entsprach der Aufbau den Sperrholz-Flugzeugrümpfen jener Zeit. Hinter dem Fahrer befand sich ein weiterer Sitz für einen Passagier. Beide gelangten durch eine Tür auf der rechten Seite in den Innenraum. Den Hélica gab es als offenen Zweisitzer sowie als geschlossene Limousine. Für den Antrieb sorgte ein 1.093 ccm großer, luftgekühlter Zweizylindermotor mit acht PS, der einen 1,4 Meter messenden Propeller antrieb. Die Höchstgeschwindigkeit lag bei 80 km/h, der Verbrauch bei sechs Litern pro 100 Kilometer.
Bei seinen Testfahrten durch Paris versetzte Leyat laut einem zeitgenössischen Bericht die Flaneure im Bois de Boulogne in Angst und Schrecken. Dem Fahrer dürfte es kaum besser ergangen sein: Der Blick auf die Straße war durch den rotierenden Propeller weitgehend verstellt, zudem musste er mit dem lenkenden Hinterrad kämpfen. Diese Technik hatte sich zwar bei Flugzeugen bewährt, war auf der Straße jedoch wenig hilfreich. Auch der infernalische Lärm trug zum abenteuerlichen Fahrerlebnis bei.
Der Hélica wurde 1921 erstmals auf der Pariser Automobilmesse vorgestellt, und Leyat sprach von 600 Nachfragen potenzieller Kunden. Allerdings gestaltete sich die Produktion äußerst zeitaufwendig, da jedes einzelne Fahrzeug in der Manufaktur am Quai de Grenelle in Paris in mühsamer Handarbeit gefertigt wurde. Von den 30 tatsächlich fertiggestellten Exemplaren fanden 23 einen Käufer.
Die Besitzer erwarben ein außergewöhnlich schnelles Fahrzeug: 1927, zwei Jahre nach dem Ende der Produktion, erreichte eine Hélica-Limousine eine Spitzengeschwindigkeit von rund 170 km/h.

Nach 1921 entstanden vom Hélica nur 30 Exemplare; heute ist das Fahrzeug bei Oldtimer-Veranstaltungen ein besonderer Blickfang.

Die gewagte Konstruktion des Hélica zählte mit einer Höchstgeschwindigkeit von 170 km/h zu den schnellsten Fahrzeugen ihrer Zeit.

HANOMAG 2/10 PS
KOMMISSBROT AUF RÄDERN

Der Hanomag 2/10, später vom Volksmund »Kommissbrot« genannt, wurde vom Hersteller als »Volkswagen« beworben.

Nein, die Geschichte des Volkswagens muss nicht neu geschrieben werden, auch wenn 1925 zum ersten Mal von einem Volkswagen die Rede ist: »Hier ist der neue Hanomag. Der Volkswagen, der alle Forderungen der Techniker und Laien, alle Wünsche der Benutzer zu erfüllen sich bemühte.« Mit dieser vollmundigen Aussage begleitete die Hannoversche Maschinenbau AG den Produktionsstart des Kleinwagens mit der kryptischen Bezeichnung 2/10 PS. Weniger euphorisch klang der bald vom Volksmund geprägte Spruch: »Ein Kilo Blech, ein Kilo Lack – fertig ist der Hanomag.« Die Produktion des Kleinwagens begann 1924, und ein Jahr später wurde der 2/10 PS angesichts der großen Nachfrage als zweiter deutscher Kleinwagen nach dem Opel Laubfrosch am Fließband montiert. Wegen seiner Form bekam der kleine Hanomag bald den Spitznamen Kommissbrot. Als Antrieb hatten die Entwickler einen Einzylinder-Viertakter mit 502 ccm quer vor der Hinterachse montiert. Die Leistung lag bei zehn PS, was für eine Höchstgeschwindigkeit von 60 km/h ausreichte. Die Rennsportversion kam auf 90 km/h. Die Kraftübertragung übernahm ein Dreiganggetriebe (plus Rückwärtsgang). Für die Verzögerung war nur eine Bremstrommel notwendig.

Am 19. Juni 1927 standen auch der Hanomag 2/10 in der Klasse bis 750 ccm beim Eröffnungsrennen des Nürburgrings am Start. Hellmuth Butenuth benötigte für die zwölf Runden (340,8 Kilometer) 5:36:19,4 Stunden, was einer Durchschnittsgeschwindigkeit von 60,8 km/h entsprach. Die beiden anderen »Boliden« fielen aus. Die Rennversionen besaßen statt der typischen Karosserie nur eine Frontverkleidung und freistehende Räder.

Der kleine Hanomag war äußerst einfach ausgestattet, aber bei seinen Besitzern wegen seiner robusten Nehmerqualitäten beliebt. Das »Kommissbrot« kam ohne Heizung zu den Kunden, und auch beim Komfort mussten die Insassen deutliche Abstriche machen. Dafür belastete der genügsame Kleinwagen das Budget seines Fahrers mit überschaubaren Kosten. Der 370 Kilo schwere Zweisitzer verbrauchte nur vier Liter auf 100 Kilometer und war damit das sparsamste Modell auf dem Markt.

Dank des einzelnen Scheinwerfers vorne erinnerte der kleine Hanomag irgendwie an einen Zyklopen. Der zweite Scheinwerfer wurde in Deutschland erst ab 1931 Pflicht. Die Öffentlichkeit mochte über den 2/10 PS lächeln, doch gelang seinen Entwicklern dank des Verzichts auf Trittbretter und Kotflügel das erste Automobil der Welt in der später als Pontonform bekannt gewordenen Bauweise. Den Kleinwagen mit Rechtslenkung stellten die Hannoveraner als Limousine, Cabrio oder Landaulet her, bei dem das hintere Dachteil wie beim Cabrio geöffnet werden konnte.

Um die Karosseriesteifigkeit zu sichern, besaßen die verschiedenen Versionen jeweils nur eine Tür auf der linken Seite. Der 2/10 PS kostete zwischen 2000 und 2500 Reichsmark, und bis zum Produktionsende im Jahr 1928 entstanden insgesamt 15.775 Exemplare des kleinen Hanomag, der es schwer hatte, sich gegen die »erwachsenen« Kleinwagen wie Dixi 3/15 oder den Laubfrosch von Opel durchzusetzen.

Der kompakte Hanomag kam auch als Taxi zum Einsatz, bot jedoch nur Platz für einen Passagier.

Als Cabriolet war der Hanomag bei weiblicher Kundschaft beliebt – er machte auch neben dem Tennisplatz eine gute Figur.

Bis 1931 durften Modelle wie der kleine Hanomag noch mit nur einem Scheinwerfer zugelassen werden.

Bis zum Produktionsende 1928 entstanden insgesamt 15.775 Exemplare des Hanomag »Kommissbrot«.

AVRO
EIN AUTO MIT ZWEI RÄDERN

Der Avro hatte zwar nur zwei Räder, wurde aber als »Monocar« auf den Markt gebracht.

Ein Automobil hat vier Räder, so die gängige Definition. Das sah das britische Unternehmen anders und entwickelte in den 1920er-Jahren ein zweirädriges Gefährt, das die Verantwortlichen als Monocar anboten. Avro, eigentlich auf Flugzeuge spezialisiert, hatte sich gegen Ende des Ersten Weltkrieges ein weites Betätigungsfeld im Bereich der Automobilindustrie zugelegt und produzierte Teile für das Model T von Ford, das in einem britischen Werk gefertigt wurde. Gleichzeitig entwickelten die Ingenieure des Unternehmens in jenen Jahren auch eigenständige Automobile, die allerdings nicht sonderlich erfolgreich waren.
Daneben erdachten sie das »Monocar«, ein Motorrad mit einer umfassenden Karosserie, das bis Ende der 1920er Jahre gebaut wurde. Als Vorbild diente dabei der Harper Runabout, den das Unternehmen von Sir Alliot Verdon Roe produziert hatte. Der »Runabout« wurde von einem 270 Kubikzentimeter großen Einzylinder angetrieben und war als preiswertes Fahrzeug auf dem Markt erfolgreich.
Den Monocar nutzte der Firmenchef für seine Touren zwischen seinen beiden Werken und soll auf diesen Touren insgesamt knapp 50.000 Kilometer damit gefahren sein. Das Gefährt hatte einen Rahmen aus Pressstahl und Oleo-Stoßdämpfer sowie Schraubenfedern, die die Defizite der Infrastruktur abmilderten, und zwei Bremsen. Die Aluminium-Karosserie und die große Windschutzscheibe schützten den Piloten vor den Einflüssen der Witterung – in Großbritannien damals wie heute ein wichtiges Verkaufsargument.
Den Antrieb übernahm ein 270 ccm großer Zweitaktmotor von Villiers, der vor dem Fahrer – wie bei einem richtigen Automobil – montiert war. Die Kraftübertragung auf das Hinterrad übernahm ein Dreiganggetriebe, und gestartet wurde der Motor über einen Kickstarter. Das Design des Monocar orientierte sich an den Formen der Automobile der damaligen Zeit. Sir Alliot sah seine Schöpfung als eine Kombination aus Motorrad und Automobil, denn neben den typischen Eigenschaften eines motorisierten Zweirads bot der Monocar die Sicherheit und den Schutz vor den Wetterkapriolen.

Das »Monocar« besaß einen vor dem Fahrer montierten Motor, der das Hinterrad antrieb.

ZASCHKA
EIN AUTO ZUM FALTEN

Das von Engelbert Zaschka entwickelte Faltauto sollte rund 1000 Reichsmark kosten.

In den 1920er-Jahren hatte das Automobil seine Exklusivität weitgehend abgelegt, und dank preiswerter Modelle, die sich deutlich mehr Menschen leisten konnten, wurde der Verkehrsraum und vor allem Parkplätze knapp. In Berlin war es damals strikt verboten, am Straßenrand zu parken. Engelbert Zaschka, ein aus Freiburg stammender Ingenieur, tüftelte und fand scheinbar die Lösung: ein faltbares Automobil, das sich von zwei Personen mit wenigen Handgriffen in fünf Minuten zerlegen ließ, um es platzsparend in der Wohnung oder dem Keller zu lagern. Zaschka stammte aus einer Musikerfamilie – sein Vater war Mitglied des Freiburger Stadtorchesters, und seine Mutter war Sängerin.

Zaschka war weniger musisch veranlagt. Bereits als 14-Jähriger meldete er sein erstes Patent an. Nach seinem Studienabschluss als Ingenieur arbeitete er in Berlin, wo er unter anderem einen Vorläufer des Hubschraubers entwickelte. Sein Faltauto stellte er 1928 dem staunenden Publikum vor, und um zu beweisen, dass seine Konstruktion überallhin transportiert werden konnte, stieg er mit seinem zerlegten Vehikel auf den Berliner Funkturm. Das Faltauto bestand aus einem dreiteiligen Rohrrahmen, über den ein mit Stoff bezogenes Gerippe gespannt war. Die beiden Vorderräder hatten eine Einzelradaufhängung, im Heck beließ es Zaschka bei einem Rad. Der luftgekühlte Motor im Heck trieb über ein Stirnradgetriebe das Hinterrad an. Die vordere Kühlermaske war eine Attrappe, die ein »richtiges Auto« vortäuschen sollte. Als Höchstgeschwindigkeit versprach Zaschka 40 bis 50 km/h, damals durchaus ausreichend.

Das Serien-Faltauto sollte rund 1000 Reichsmark kosten, um eine neue Kundschaft für das Automobil zu erschließen, und genau daran scheiterte schließlich auch die Serienfertigung. Denn allein der Rohrrahmen war in der Herstellung deutlich zu kostspielig. So blieb es bei dem Einzelstück. Zaschkas Erfindung machte damals internationale Schlagzeilen, und sogar das US-amerikanische Magazin »Modern Mechanics« berichtete über den Berliner Ingenieur.

Allerdings hatte sich Zaschka ganz dem Faltvorgang verschrieben und faltete so gut wie alles. Dazu gehörten ein Faltski, der sich platzsparend transportieren ließ, und schließlich auch ein Faltrad, das als Klapprad tatsächlich große Verbreitung fand.

Das Faltauto besaß einen dreiteiligen Rohrrahmen, über den sich eine Stoffkarosserie spannte.

Nach Zaschkas Vorstellung konnten die Einzelteile bei Nichtgebrauch sogar in der Wohnung gestapelt werden – falls keine Garage vorhanden war.

Mit seinem Faltauto wollte Engelbert Zaschka eine Antwort auf die bereits damals zunehmende Parkplatznot geben.

DYMAXION
AUTO VOM ARCHITEKTEN

Im vom Architekten John Buckminster Fuller entwickelten Dymaxion fanden bis zu elf Passagiere Platz.

John Buckminster Fuller war Architekt, dem Zen-Buddhismus verbunden, und von dem Begriff Dymaxion fasziniert, den der US-amerikanische Werbefachmann Waldo Warren Ende der 1920er Jahre erfunden hatte. Dymaxion steht in der deutschen Übersetzung für »dynamische maximale Spannung«, und diesem Prinzip verschrieb sich Fuller zunächst bei seinen Architekturprojekten und später bei seinem Ausflug in die Automobilproduktion. Sein »Dymaxion-Haus« war so konzipiert, dass es sich demontieren ließ, wenn die Besitzer in eine andere Stadt umziehen mussten. Die kreisrunde Konstruktion war immerhin knapp 100 Quadratmeter groß und wog überschaubare 2227 Kilogramm. Nach dem Zweiten Weltkrieg ging die Konstruktion in Serie.

Eine Serienfertigung war dem 1933 entwickelten Dymaxion-Auto nicht beschieden, obwohl die Werte vielversprechend waren. Das seltsame Gefährt, angetrieben von einem Ford-V8 im Heck, hatte Platz für elf Passagiere, verbrauchte gerade 7,8 Liter auf 100 Kilometer und kam angeblich auf eine Höchstgeschwindigkeit von 193 km/h. Ein Ford Model B erreichte damals 120 km/h. Die Konstruktion rollte auf drei Rädern und wurde über das Hinterrad gesteuert, was eine beeindruckende

Wendigkeit ermöglichte. Allerdings hatte diese Lösung eine aufwendige Mechanik zur Folge: Mehr als sechs Meter Kabel mussten von vorne bis ans Heck der 5,5 Meter langen Karosserie verlegt werden.
Der erste Auftritt bei der Weltausstellung in Chicago endete in einem Desaster und schreckte mögliche Investoren ab. Bei einem Unfall, dessen Ursache nie abschließend geklärt wurde, kam der Fahrer ums Leben, und mehrere Passagiere wurden schwer verletzt. Insgesamt entstanden drei Exemplare des futuristischen Fahrzeugs mit der Form eines Wassertropfens. Ein Exemplar ging an den britischen Ingenieur und Unternehmer Fred Taylor, ein weiteres an den Dirigenten Leopold Stokowski.
Während der Automesse 1934 in New York hatte Dymaxion einen weiteren Auftritt, durfte aber nur vor den Toren der Messe ausgestellt werden und wurde von den Besuchern kaum beachtet. Der Architekt Sir Norman Foster stellte im Jahr 2010 ein nach den Plänen Fullers gestaltetes Dymaxion-Modell auf die Räder, das heute in seiner Sammlung steht.

Dymaxion wurde von einem Ford V8 im Heck angetrieben, der angeblich eine Höchstgeschwindigkeit von 193 km/h ermöglichte.

Das rollende »Raumschiff« besaß drei Räder, wobei das einzelne Hinterrad sowohl Antrieb als auch Lenkung übernahm.

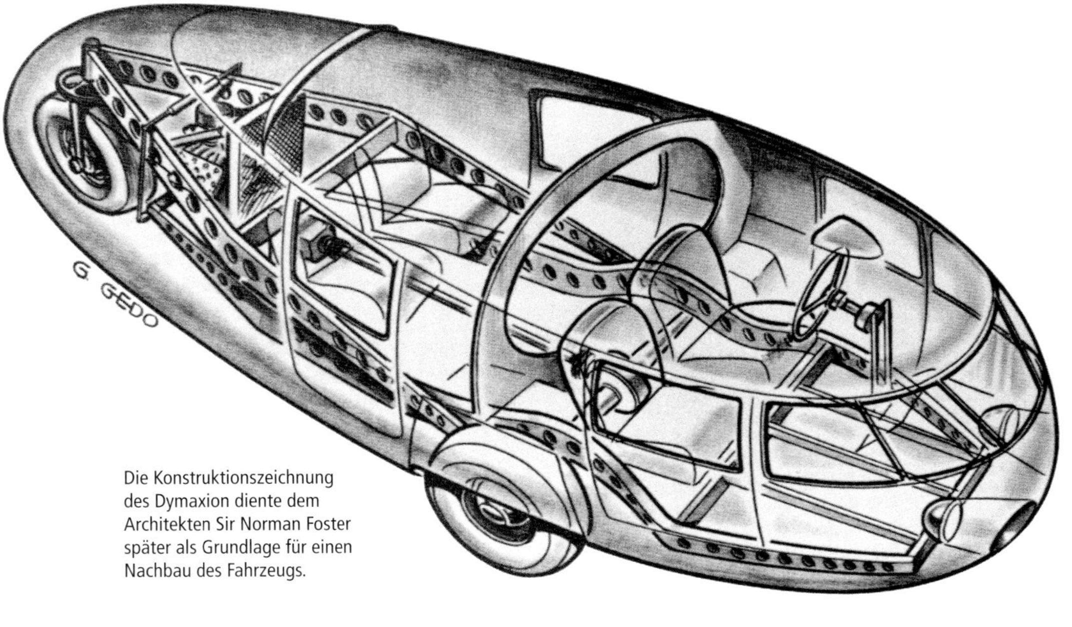

Die Konstruktionszeichnung des Dymaxion diente dem Architekten Sir Norman Foster später als Grundlage für einen Nachbau des Fahrzeugs.

STANDARD SUPERIOR

TRAGISCHER PIONIER

Der von Josef Ganz entwickelte Standard Superior gilt als einer der Vorläufer des späteren Volkswagens.

Josef Ganz ist eine völlig zu Unrecht vergessene Persönlichkeit in der Geschichte der Automobilität. Ganz suchte wie viele andere Techniker in den 1930er-Jahren nach einem Modell für die Massenmotorisierung. Der deutsch-ungarische Ingenieur und Journalist entwickelte schließlich den Standard Superior, der zwischen 1933 und 1935 in der von Ludwig Gutbrod gegründeten Motorradfabrik in Ludwigsburg hergestellt wurde.
Die erste Version des Superior hatte zwei Türen, und die Karosserie war mit einem Zentralrohrrahmen verbunden. Fortschrittlich war die Einzelradaufhängung der vier Räder, und als Lenkung kam eine Zahnstangenlenkung zum Einsatz. Weniger fortschrittlich war die Bremsanlage, die nur auf die Hinterräder wirkte. Den Antrieb übernahm ein quer vor der Hinterachse montierter Zweitaktmotor mit 396 ccm, der überschaubare zwölf PS leistete. Für leistungshungrigere Kunden gab es auch einen 500 ccm großen Motor, der immerhin 16 PS leistete.
Für die Karosserie wählte Ganz eine aerodynamische Form. In jenen Jahren war die sogenannte Stromlinie erste Wahl bei der Entwicklung neuer Modelle. Der Superior 400 war mit sieben Litern Zweitaktgemisch auf 100 Kilometer einigermaßen sparsam, und bei 70 km/h war die Höchstgeschwindigkeit erreicht. Die stärkere Variante kam auf 80 km/h. Eine größere Version des Superior hatte Platz für vier Personen und wurde in der Werbung als der »deutsche Volkswagen« angepriesen. Allerdings hatte das Volk nicht die nötigen Mittel, um sich das Fahrzeug leisten zu können. Der Superior für vier kostete immerhin 1590 Reichsmark.

In der Werbung wurde der Standard Superior bereits als preiswerter »Volkswagen« angepriesen.

Die ADAC-Motorwelt sah beim Standard Superior damals eine gewisse Ähnlichkeit mit dem Hanomag Kommissbrot, und tatsächlich hatte Ganz den kleinen Hanomag besessen. Im ersten Produktionsjahr 1933 rollten gerade 360 Exemplare des minimalistischen Superior zu den Kunden, und nachdem sich der Absatz nicht deutlich steigern ließ, wurde die Produktion bereits 1935 wieder eingestellt. Erst in den 1950er-Jahren kehrte Gutbrod auf die automobile Bühne mit einem Kleinwagen zurück. Josef Ganz, der bereits als Zwölfjähriger ein Patent für eine Schutzvorrichtung bei Straßenbahnen erhielt, war auch Chefredakteur der Fachzeitschrift »Motor-Kritik«, damals eine der wichtigsten Publikationen ihrer Art. Ganz war Jude, und deshalb hatte er im Deutschen Reich keine Möglichkeit mehr zu arbeiten. 1933 wurde er von der Gestapo verhaftet und wechselte nach einem Monat Haft in die Schweiz, wo er für den Motormäher-Hersteller Rapid in Dietikon arbeitete, um den »Schweizer Volkswagen« auf die Straße zu bringen. Doch nach dem Ausbruch des Zweiten Weltkriegs wurde das Projekt auf die lange Bank geschoben, und außerdem nutzten die Nazis ihre Beziehungen in der Schweiz. Ganz wurde denunziert, und in einem Polizeibericht hieß es damals, dass der »unerwünschte Ausländer ein Parasit« sei. Trotzdem durfte er zunächst in der Schweiz bleiben, und nach dem Krieg ging der Rapid tatsächlich in Serie, doch nach 36 Exemplaren endete die Produktion.

Mangels Nachfrage wurde die Produktion des Kleinwagens bereits 1935 wieder eingestellt.

Den Standard Superior gab es auch in einer besonders robust wirkenden, fast martialischen Variante.

Ganz hat sich inzwischen in der Schweiz den Ruf eines Querulanten verdient und wurde 1950 schließlich ausgewiesen. In Australien fand er eine neue Heimat und starb dort verarmt und vergessen im Jahr 1967.

MERCEDES 130
DER KLEINE STERN

Anfang der 1930er Jahre litt Deutschland unter einer anhaltenden Wirtschaftskrise, und in diesem Klima beschlossen die Verantwortlichen bei Daimler-Benz, einen Kleinwagen zu entwickeln, um eine neue Kundschaft unter dem Stern zu versammeln. Das Ergebnis stand im März 1934 auf der IAMA in Berlin neben dem luxuriösen und eleganten Mercedes 500 K Autobahnkurier. Der Kleinwagen aus Stuttgart startete mit gleich vier Premieren. Der Mercedes-Benz 130 ist nicht nur das bis dahin kleinste Modell der Marke, gleichzeitig ist er das erste Fahrzeug der Marke mit einem Vierzylindermotor im Heck und ganz nebenbei das erste deutsche Fahrzeug mit Heckmotor, das in Großserie produziert werden sollte.

Mit dem 130 wagte sich das Unternehmen in ein für die Marke bis dahin vollkommen unbekanntes Segment. Mercedes-Benz hatte damals wie heute den Ruf, luxuriöse Automobile für anspruchsvolle Besserverdienende herzustellen, und entsprechend ehrgeizig waren die Ziele, die im ersten Prospekt für das Modell festgehalten wurden: »Die Konstruktion des Mercedes-Benz Typ 130 ist zweifellos eine der interessantesten Aufgaben gewesen, die jemals im Automobilbau zu lösen war, galt es doch, einen Wagen zu schaffen, der die Fahreigenschaften eines größeren Schwingachsers, den Raumkomfort eines modernen Mittelwagens und die Betriebskosten eines Kleinwagens besitzen sollte.«

Mit dem Typ 130 wagte Mercedes den Schritt in ein neues Marktsegment, um einen zusätzlichen Kundenkreis zu erschließen.

Der 130 war nicht der erste Versuch, einen vergleichsweise preiswerten Kleinwagen auf den Markt zu bringen, doch die ersten Prototypen blieben Einzelstücke. Erst der 130 erreichte die Serienreife. Der in Berlin gezeigte 130 wurde von einem 1308 ccm großen Vierzylindermotor im Heck angetrieben, der das Leichtgewicht (980 Kilogramm) auf die damals durchaus beachtliche Höchstgeschwindigkeit von 92 km/h beschleunigte. Die Konstruktion besaß einen Zentralrohrrahmen, der Motor war hinter der Heckachse montiert, das Getriebe davor.
Bei seinem Marktstart bot Mercedes-Benz den 130 als einfaches Fahrgestell, zweitürige Limousine sowie zweitürige Cabrio-Limousine und Tourenwagen mit zwei Türen an. Den Vorderrädern hatten die beiden für die Konstruktion verantwortlichen Ingenieure Hans Nibel und Max Wagner eine Einzelradaufhängung spendiert, am Heck arbeitete eine Pendelachse mit jeweils einer Schraubenfeder.
Der 130 litt von Beginn an unter der alles andere als günstigen Gewichtsverteilung von 35 Prozent vorne und 65 Prozent hinten, die das Fahrverhalten negativ beeinflusste. Salopp ausgedrückt war der 130 eine echte Heckschleuder und überforderte mitunter seine Piloten.
In Stuttgart reagierten die Verantwortlichen und brachten 1935, bereits ein Jahr nach der Markteinführung, eine Überarbeitung des Modells auf den Markt. Um die Fahreigenschaften zu verbessern, wurden die Federn und Stoßdämpfer, der Sturz der Vorderräder und die Lenkung neu eingestellt. Außerdem wurde der Innenraum gründlich überarbeitet, und um den Absatz anzukurbeln, bekam der kleinste Mercedes eine elegant wirkende Zweifarbenlackierung. Der Preis für den ersten »Baby-Benz« stieg durch diese Neuerungen von 3425 Reichsmark auf 3680 Reichsmark.
Allerdings konnten auch diese Verbesserungen die Kunden nicht überzeugen, und angesichts der bescheidenen Verkaufszahlen endete der Stuttgarter Ausflug in die Welt der Kleinwagen bereits nach zwei Jahren mit überschaubaren 4298 Fahrzeugen.

Der Mercedes 130 wurde von einem 1,3-Liter-Vierzylindermotor im Heck angetrieben.

Der 130 litt von Beginn an unter einer ungünstigen Gewichtsverteilung von 35 Prozent vorn und 65 Prozent hinten.

Aufgrund der geringen Nachfrage beendete Daimler-Benz dieses Kapitel der Heckmotor-Modelle bereits nach 4298 gebauten Fahrzeugen.

STOUT SCARAB ZU FRÜH

Der Stout Scarab war seiner Zeit weit voraus – 1932 war die Welt noch nicht bereit für ein solches Großraumautomobil.

Stell dir vor, du entwickelst ein vollkommen neues automobiltechnisches Konzept – und niemand interessiert sich dafür. Genauso erging es in den 1920er- und 1930er-Jahren einigen Ingenieuren, die mit ihren Ideen einfach ein paar Jahrzehnte zu früh die Öffentlichkeit überraschten. William Bushnell Stout gehörte zu diesen Pionieren. Stout besaß ein Ingenieurbüro für die Automobil- und Flugzeugindustrie und war bereit, die bis dahin gängigen Vorstellungen, wie ein Automobil gestaltet sein sollte, in Frage zu stellen. Ihm schwebte ein Fahrzeug vor, das einfacher zu fahren sein sollte als die bisherigen Modelle und gleichzeitig deutlich mehr Platz für die Passagiere bieten sollte. Seine Idee von einem derartigen Fahrzeug wurde 1932 als Prototyp vorgestellt. Der Scarab, benannt nach dem altägyptischen Sonnensymbol, stellte die bis dahin üblichen Karosserieformen auf den Kopf. Obwohl er in den Abmessungen den damals üblichen Fahrzeugen entsprach, erreichte Stout mit seiner Konstruktion vollkommen neue Raumverhältnisse im Innenraum. Die an einen Käfer oder Flugzeugrumpf ohne Flügel erinnernde Karosserie hatte der Designer John Tjaarda beigesteuert, dessen Sohn Tom später in Detroit ebenfalls als Designer arbeitete.

William Stout hatte bei seiner Entwicklung die damals geltenden Konstruktionsprinzipien beiseitegeschoben. Der Scarab besaß einen Fachwerkrohrrahmen und wurde von einem Ford-V8 im Heck angetrieben. Die Kraftübertragung übernahm ein von Stout entwickeltes Dreiganggetriebe. Dank dieses Kniffs konnte er zugunsten eines flachen Bodens auf Kardanwellen verzichten. Außerdem besaß sein Scarab Einzelradaufhängung, Schraubenfedern und hydraulische Stoßdämpfer. Dank dieser Konstruktion ragte kein Radkasten in den In-

Im Heck arbeitete ein Ford-V8-Motor, dessen Kraft über ein Dreiganggetriebe übertragen wurde.

nenraum, der großzügig möbliert war. Neben den drei Einzelsitzen befand sich eine Sitzbank im Fond, und zwei der drei Sitze ließen sich drehen und verschieben. Ein ausklappbarer Tisch vervollständigte den Lounge-Charakter des Innenraums, der elegant mit Holzpaneelen verkleidet war. Insgesamt elf Fenster ermöglichten eine gute Rundumsicht für die Passagiere. Lediglich die Sicht nach hinten war für den Fahrer bescheiden. Dort hatte Stout lediglich einen kleinen Sehschlitz eingebaut, und auf Rückspiegel wurde wahrscheinlich wegen der Aerodynamik verzichtet. Im Gegensatz zum damals gängigen Design besaß der Scarab weder Trittbretter noch ausgestellte Kotflügel. Zum Einsteigen reichte der Druck auf einen kleinen Knopf, und die elektrischen Schlösser öffneten die Türen. Mit 4,90 Metern war der Scarab nicht übermäßig groß, und Stout war sich offensichtlich bewusst, dass seine Konstruktion keine großen Stückzahlen erreichen würde. Geplant war deshalb eine Serie von 100 Exemplaren, die den Wünschen der Kundschaft entsprechend ausgestattet sein sollten. Doch als die wohlhabenden potenziellen Käufer den Preis erfuhren, zogen sie sich zurück, denn mit 5000 Dollar war das exotische Vehikel deutlich kostspieliger als andere Luxusmobile der damaligen Zeit. Tatsächlich wurden je nach Quellenlage sieben oder neun Scarab in Detroit produziert. Dank der gewählten leichtgewichtigen Materialien brachte der Scarab gerade 1400 Kilogramm auf die Waage.

Der Fahrer blickte auf eine für die Zeit moderne Instrumententafel, musste jedoch auf Rückspiegel verzichten.

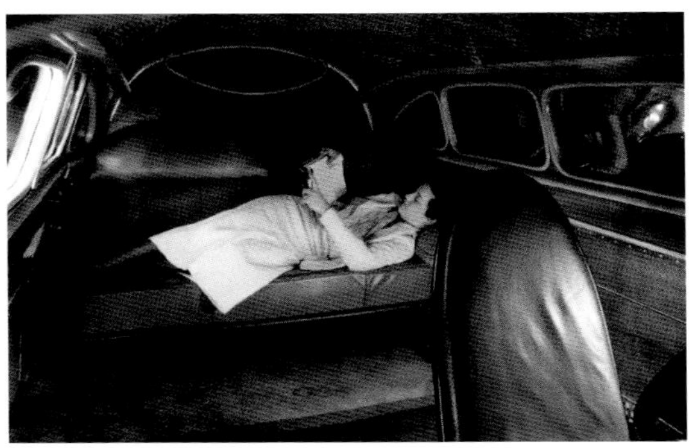

Der Innenraum erinnerte eher an eine Lounge, in der die Passagiere während der Fahrt entspannt Platz nehmen konnten.

STEYR BABY
VOLKSWAGEN AUS ÖSTERREICH

Der Steyr 50 verfügte über schlichte Sitze, die nur begrenzten Komfort boten.

Irgendwie lag in den 1930er-Jahren die Idee in der Luft, ein Automobil für das Volk zu entwickeln – also für eine Kundschaft, die bislang nicht in der Lage war, ein kostspieliges Fahrzeug zu erwerben. In Österreich war es das Unternehmen Steyr, das sich an ein solches Projekt wagte. Seit den 1920er-Jahren hatte sich Steyr einen Namen mit schweren und robusten Automobilen gemacht, die von großvolumigen Sechs- und Achtzylindermotoren angetrieben wurden und vor allem bei den Schönen und Reichen beliebt waren.
Anfang der 1930er-Jahre entwickelte ein gewisser Ferdinand Porsche kleinere Zweiliter-Antriebe für den Hersteller. 1936 kam schließlich mit dem Steyr 50 ein Modell auf den Markt, das so gar nicht in das bisherige Angebot passte. Die zweitürige Limousine wurde von einem lediglich 980 ccm großen Vierzylindermotor angetrieben.
Im Volksmund erhielt der kleinste Steyr aller Zeiten bald den Spitznamen »Baby«. Einschließlich des Nachfolgemodells Steyr 55 kamen bis 1940 insgesamt rund 13.000 Fahrzeuge auf die Straßen. Der Entwurf der stromlinienförmigen Karosserie stammte von Karl Jenschke, der allerdings bei der Vorstellung seines »Babys« bereits als Chefkonstrukteur bei den

deutschen Adler-Werken tätig war. Der vorn eingebaute, 20 PS starke Boxermotor verfügte über eine Thermosyphon-Wasserkühlung und trieb die Hinterräder an. Die Kraftübertragung erfolgte über ein Vierganggetriebe.
Später kursierten Gerüchte, Ferdinand Porsche sei ebenfalls an der Entwicklung des Kleinwagens beteiligt gewesen. Tatsächlich war er in jenen Jahren jedoch noch auf der Suche nach einem geeigneten Konzept für den deutschen Volkswagen.
Im Februar 1936 wurde der Steyr 50 auf der Internationalen Automobil- und Motorradausstellung (IAMA) in Berlin der Öffentlichkeit präsentiert. Der Kleinwagen war auf Anhieb ein Erfolg, und bereits Ende 1937 wurde das fünftausendste »Baby« produziert. Für den Steyr 50 verlangte der Hersteller von deutschen Kunden 2.865 Reichsmark.
Die Käufer erhielten einen spartanisch ausgestatteten Kleinwagen. Fahrer und Beifahrer saßen auf einfachen Rohrsitzen, während sich die Mitfahrer im Heck eine unbequeme Bank teilen mussten. Dennoch war der Steyr 50 tatsächlich ein Viersitzer und erfüllte damit die Vorgaben der Verantwortlichen bei Steyr, die gefordert hatten, dass der Wagen vier Personen samt Gepäck transportieren sollte – wobei »ausreichend« nach damaligen Maßstäben bewertet wurde.
Der Fahrer blickte auf einen einzelnen Rundtacho, dessen Skala bis 110 km/h reichte. Daneben befanden sich zwei kleine Instrumente für den Benzinstand und die Motortemperatur.
Zudem erfüllte das »Baby« auch das wichtigste Kriterium der Alpenrepublik: Ein Prototyp bezwang ohne Probleme die 32-prozentige Steigung am Katschberg. Dieser Test galt damals als entscheidend – versagte ein Fahrzeug hier, hatte es in Österreich kaum Chancen auf Erfolg. Auch Erprobungsfahrten in der afrikanischen Wüste absolvierte der Kleinwagen problemlos.
1938 erschien mit dem Steyr 55 ein Nachfolgemodell, das über einen stärkeren Motor verfügte.

Der kleinste Steyr wurde vom Volksmund liebevoll »Baby« genannt.

Mit dem Steyr 50 strebte die Marke danach, neue Kundenschichten zu erreichen.

Steyrs »Baby« war der österreichische Versuch, einen Volkswagen zu schaffen.

Trotz seiner spartanischen Ausstattung erzielte der Steyr 50 sofortigen Erfolg.

L'ŒUF ÉLECTRIQUE AUS DER NOT GEBOREN

Paul Arzens entwickelte 1938 sein »elektrisches Ei«, um der damaligen Benzinrationierung zu entgehen.

Im Jahr 1938 entwarf der französische Industriedesigner Paul Arzens sein »Œuf électrique«, auf Deutsch »elektrisches Ei«, und stellte es 1942 während des Zweiten Weltkriegs her. Arzens war Absolvent der École nationale supérieure des beaux-arts de Paris und hatte vor seinem exotischen Entwurf bereits mehrere Fahrzeuge für die französische Eisenbahn gestaltet.
Während der deutschen Besatzung Frankreichs waren Kraftstoffe rationiert, weshalb Arzens sein Vehikel auf Elektroantrieb umstellte. Unter der Sitzbank befand sich ein Elektromotor, der von fünf Zwölf-Volt-Batterien mit Energie versorgt wurde. Die Batterien wogen zusammen rund 300 Kilogramm, und die so erzeugte Energie reichte aus, um das elektrische Ei auf eine Höchstgeschwindigkeit von bis zu 70 km/h zu beschleunigen. Die elektrische Reichweite soll etwa 100 Kilometer betragen haben.

Arzens verstand sich allerdings nicht als Elektropionier. Sein dreirädriges E-Mobil, das für zwei Personen ausgelegt war, entstand aus der Not der Kriegszeit. Als nach Kriegsende wieder ausreichend Treibstoff verfügbar war, ersetzte er den Elektroantrieb durch einen 125 ccm großen Einzylindermotor von Peugeot mit einer Leistung von 5,5 PS, was die Höchstgeschwindigkeit auf 80 km/h erhöhte. Arzens nutzte sein »Œuf électrique« bis zu seinem Tod im Jahr 1990 als Privatfahrzeug.
Zusammen mit dem bereits 1938 entworfenen Konzeptautomobil »La Baleine«, das ein Fahrwerk von Buick nutzte und dessen Technik Arzens unter einer vom Flugzeugbau inspirierten Karosserie verbarg, steht das Fahrzeug heute in der Cité de l'Automobile in Mulhouse.
Die Inspiration für sein ausgefallenes Fahrzeug schöpfte Arzens aus den Cyclecars der Zwischenkriegszeit sowie aus den natürlichen Formen eines Eis oder Wassertropfens. Die Karosserie wurde aus Aluminium gefertigt, während Windschutzscheibe und Türen aus Plexiglas bestanden. Das Leichtgewicht brachte rund 350 Kilogramm auf die Waage.

Das Œuf Électrique blieb ein Einzelstück seines Konstrukteurs und verfügte über eine Reichweite von rund 100 Kilometern.

Heute ist die Konstruktion von Paul Arzens in der Cité de l'Automobile in Mulhouse zu sehen.

1945–1969

Die Zeit nach dem Zweiten Weltkrieg war eine Epoche des Aufbruchs. Weltweit nahm die Automobilproduktion zu, und in den USA übernahmen die sogenannten Straßenkreuzer das Kommando auf den Straßen. Die Limousinen der großen drei Marken in Detroit (Ford, General Motors und Chrysler) übertrafen sich mit ihren ausladenden Modellen. Die ersten Heckflossen kamen auf und entwickelten sich im Laufe der Jahre zu riesigen Designelementen.

In Europa begann die Automobilproduktion eher zögerlich. In Wolfsburg bescheinigte ein britischer »Automobilexperte« dem Volkswagen Käfer keine allzu großen Erfolgsaussichten und ließ die Produktion vor allem für die britischen Besatzungsstreitkräfte anlaufen. Nun, es kam dann doch anders. Um die Mobilitätswünsche der Bundesbürger zu befriedigen, entstanden in den Jahren nach Kriegsende zahlreiche kleine Unternehmen, die Klein- und Kleinstwagen produzierten, am Ende jedoch keine Chance gegen den Volkswagen hatten.

In den 1950er-Jahren begann sich in Deutschland das Wirtschaftswunder zu entfalten, und die deutschen Automobilproduzenten waren weltweit erfolgreich. Erst in den 1970er-Jahren bekam der Aufschwung eine leichte Delle, als die ölproduzierenden Staaten ihre Muskeln spielen ließen und der Ölpreis in die Höhe schoss. Die Industrie zeigte sich jedoch robust und überstand diese Krise ebenso wie später die Umstellung auf den Dreiwege-Katalysator und weitere Umweltauflagen. Erst bei der Umstellung auf die Elektromobilität geriet die Industrie leicht ins Stolpern und muss sich gegen die Konkurrenz aus China erwehren. Angesichts der neuen Fahrzeugklasse SUV herrscht allerdings eine gewisse Eintönigkeit, sodass ausgefallene Modelle zu Raritäten auf den Straßen geworden sind.

VERBUS
INBUS
VERBUS
KNECHT
Filter
Fahrt VEITH Reifen
GEGENÜBER
BORGWARD
OPEL-OLYMPIA
LIEFERWAGEN · BLITZ
ALFRED TEVES · MASCHINEN- U. ARMATURENFABRIK KG.
Ate

WAS SONST NOCH GESCHAH:

Am 10. Januar 1946 gründen 51 Staaten die Vereinten Nationen und treffen sich zur ersten Vollversammlung in London.

Winston Churchill prägt am 5. März 1946 in einer Rede den Begriff des »Eisernen Vorhangs«, der Europa teilt. Am 4. Januar 1947 erscheint mit dem Spiegel erstmals ein politisches Nachrichtenmagazin in Deutschland. In Hannover findet am 18. August 1947 die erste deutsche Industriemesse statt. Die Währungsreform vom 19. Juni 1948 beschert den Westdeutschen von einem Tag auf den anderen volle Regale in den Geschäften.

Petra Schürmann, Miss Germany, wird am 15. Oktober 1956 zur Miss World gekrönt. Am 12. April 1961 umrundet der Russe Juri Gagarin als erster Mensch die Erde.

Borussia Dortmund gewinnt am 5. Mai 1966 als erste deutsche Mannschaft den Europapokal der Pokalsieger. Am 25. August 1967 beginnt das deutsche Fernsehen mit den ersten regelmäßigen Farbsendungen.

Der »Prager Frühling«, der Versuch, den Sozialismus zu reformieren, endet am 21. August 1968 mit dem Einmarsch sowjetischer Panzer in Prag.

Die Sowjetunion feiert eine Luftfahrtpremiere: Am 31. Dezember 1968 hebt mit der Tupolew Tu-144 das erste Überschall-Passagierflugzeug ab. Die britisch-französische Concorde folgt am 2. März 1969. In Seattle startet am 9. Februar 1969 mit der Boeing 747 (Bild) das bis dahin größte Passagierflugzeug zu seinem Jungfernflug.

TASCO
DESIGNER AUF ABWEGEN

Mit dem ungewöhnlich gestalteten Tasco wollte die American Sports Car Company den »Großen Drei« in Detroit Konkurrenz machen.

Gordon M. Buehrig gehört zu den bedeutendsten US-amerikanischen Automobildesignern. In den 1930er-Jahren gestaltete er den legendären Cord 810/812 mit Klappscheinwerfern und Frontantrieb. Später arbeitete er für Ford und entwarf neben anderen Modellen den Continental Mark II, mit dem er Designgeschichte schrieb. Nach dem Ende des Zweiten Weltkriegs schlug er einem Investorenkreis die Entwicklung eines amerikanischen Sportwagens vor, der in ein europäisch anmutendes Design gekleidet sein sollte, und erhielt bald darauf den entsprechenden Auftrag.

In der Zeit nach dem Zweiten Weltkrieg entstanden in den USA einige Automobilhersteller, die – allerdings vergeblich – versuchten, die Vorherrschaft der »Großen Drei« (Ford, General Motors und Chrysler) zu brechen. Der Tasco, eine Abkürzung für »The American Sports Car Company«, wurde 1948 der staunenden und vermutlich auch verblüfften Öffentlichkeit vorgestellt. Die Aluminiumkarosserie saß auf

einem Mercury-Fahrgestell und erinnerte an einen Flugzeugrumpf. Für jedes Rad gab es einen freistehenden Kotflügel aus Fiberglas, die vorderen folgten dabei der Lenkbewegung. Zwischen den beiden vorderen Kotflügeln ragte eine markante »Nase« in den Wind – eine Form, die später von Ford für den erfolglosen Edsel übernommen wurde. Über den Insassen erstreckte sich ein zweiteiliges Glasdach, ein auf den ersten Blick originelles Designelement, das den Innenraum im Sommer allerdings in eine Sauna verwandelte.
Buehrig distanzierte sich später vom Tasco und sprach von einem Design, das von einem Komitee entworfen worden sei. Den Antrieb steuerte ein Ford-V8-Flathead bei, der 150 PS leistete. Die Kraftübertragung übernahm ein manuelles Dreiganggetriebe. Vor dem Fahrer breitete sich eine großzügige Sammlung von Schaltern und Anzeigen aus, die an ein Flugzeugcockpit erinnerte.
Die Investoren hinter Tasco versuchten vergeblich, Unternehmen außerhalb der Automobilindustrie von einer Serienproduktion zu überzeugen, doch alle winkten ab, sodass es bei dem einen Prototypen blieb. Ein Grund dafür waren zweifellos die immens hohen Produktionskosten von rund 57.000 US-Dollar. Zudem konnte das ungewöhnliche Design die potenziellen Kunden nicht überzeugen. Buehrig bezeichnete den Tasco später als »meinen Edsel«.
Der Prototyp steht heute im Auburn Cord Duesenberg Automobile Museum in Auburn im US-Bundesstaat Indiana.

Designer Buehrig distanzierte sich später vom Tasco und sprach von einem Entwurf, der letztlich von einem Komitee geprägt worden sei.

Angesichts seiner ungewöhnlichen Form überrascht es kaum, dass sich kein Hersteller für eine Serienproduktion des Tasco fand.

Gordon M. Buehrig mit seinem ursprünglichen Entwurf, bevor ein Komitee die endgültige Form des Tasco bestimmte.

WIMILLE COUPÉ BLICK IN DIE ZUKUNFT

Das zweisitzige Coupé wurde von einem Motor aus der Citroën-Limousine 11 CV angetrieben.

Jean-Pierre Wimille war vor dem Zweiten Weltkrieg einer der erfolgreichsten französischen Rennfahrer. Während des Krieges schloss er sich zusammen mit anderen Piloten der Résistance an und plante anschließend eine zweite Karriere als Automobilkonstrukteur. Gleichzeitig fuhr er weiterhin erfolgreich Rennen und siegte bereits in seinem ersten Wettbewerb nach Kriegsende. In den Jahren 1946 und 1947 war er als Werksfahrer für Alfa Romeo der erfolgreichste Pilot.

1946 gründete Jean-Pierre Wimille sein eigenes Unternehmen, und zwei Jahre später stand sein erstes Modell auf dem Pariser Automobilsalon. Das zweisitzige Coupé wurde von einem Vierzylindermotor aus dem Citroën 11 CV angetrieben. Wimille hatte sich für eine Mittelmotorkonstruktion entschieden, da er von diesem Konzept überzeugt war. Der 50 PS starke Motor beschleunigte das Coupé auf eine Höchstgeschwindigkeit von bis zu 150 km/h – für die damalige Zeit ein ausgesprochen hoher Wert.

Wimille sah in seiner Konstruktion nicht weniger als das Auto der Zukunft. Die Karosserie spannte sich über einen Gitterrohrrahmen, und die drei Sitze waren – wie später bei Modellen von Matra – im Vorderwagen angeordnet. Der

mittig platzierte Sitz war dabei dem Fahrer vorbehalten. Auch technisch verfügte das Fahrzeug über Merkmale, die erst Jahre später zum Standard wurden. Dazu zählten die Einzelradaufhängung, ein halbautomatisches Getriebe sowie die Panorama-Windschutzscheibe.
Die Öffentlichkeit nahm Wimilles Automobil auf der Pariser Messe zwar wohlwollend zur Kenntnis, doch darüber hinaus blieb die Resonanz verhalten. Jean-Pierre Wimille widmete sich wieder verstärkt dem Motorsport, was der Weiterentwicklung seines »Zukunftsautos« ebenfalls nicht förderlich war. Immerhin zeigte Ford Interesse an der jungen Marke und sagte – heute würde man von einem Start-up sprechen – die Lieferung von 2,2-Liter-V8-Motoren zu, die dem Coupé einen deutlichen Leistungsschub verleihen sollten. Der aus der Ford Vedette stammende Motor leistete bis zu 65 PS. Mit diesem Antrieb wurden mehrere Prototypen gebaut und getestet.
Dann jedoch kam der Januar 1949. Wimille hielt sich mit dem Gordini-Team zu einer Rennserie in Argentinien auf. Beim Training zum Großen Preis von Argentinien kam der Franzose von der Strecke ab und erlitt eine tödliche Schädelverletzung. Ohne den Konstrukteur Wimille beendete Ford die Zusammenarbeit, und einige der Prototypen gelangten später in das Automobilmuseum der Gebrüder Schlumpf in Mulhouse.

Das Wimille Coupé besaß Einzelradaufhängung und ein halbautomatisches Getriebe, die Resonanz beim Publikum war bescheiden.

Der Antrieb aus dem Citroën 11 CV wurde bei den späteren Prototypen von einem aus dem Ford Vedette stammenden Motor abgelöst.

Für seine Zeit besaß das vom Rennfahrer Jean-Pierre Wimille entwickelte Coupé eine ausgefallene Form.

Bei der Weiterentwicklung verbesserte sich die Sicht nach hinten deutlich. Der Tod des Entwicklers verhinderte eine Serienfertigung.

BOND MINICAR KLEINER DAUERRENNER

Der Minicar zählte zu den automobilen Leichtgewichten und konnte notfalls von zwei Männern getragen werden.

Die Zeit nach dem Zweiten Weltkrieg war die Epoche der Klein- und Kleinstwagen. In Großbritannien begann die Bond Car Ltd. 1949 mit der Produktion des Bond Minicar, der zunächst von einem Einzylinder-Zweitaktmotor mit 122 ccm Hubraum angetrieben wurde. Ein Jahr später spendierten die Entwickler ihrem Mini einen stärkeren Antrieb mit 144 ccm. Aluminium war damals die erste Wahl für die Karosserie, und der kleine Bond bildete dabei keine Ausnahme. Der Bond Minicar erfreute sich in den Nachkriegsjahren großer Beliebtheit und wurde bis 1961 produziert.

Im Gegensatz zu den meisten anderen Anbietern dieser Fahrzeugklasse stellte Bond eine vollständige Modellpalette auf die Räder und bot den Minicar als Cabriolet, Lieferwagen und Kombi an. Die Antriebseinheiten waren ursprünglich als Motorradmotoren konzipiert und verfügten daher über keinen Rückwärtsgang. Um das Fahrzeug rückwärts zu bewegen, war ein umständliches Manöver erforderlich, das von den Besitzern jedoch weitgehend akzeptiert wurde. In der zwölfjährigen Bauzeit brachte Bond insgesamt knapp 25.000 Minicars auf den Markt.

Für die erste Generation entschieden sich die Verantwortlichen bei Bond für eine selbsttragende Aluminiumkarosserie, bei der Komfort allerdings noch keine Rolle spielte. So wurde auf eine Federung der Hinterräder verzichtet, sodass allein die Reifen für die Dämpfung sorgten, und für die Verzögerung waren ausschließlich die Bremsen an der Hinterachse zuständig. Die Nähe zur Motorradtechnik zeigte sich auch beim Anlassen: Zum Starten war ein Kickstarter an Bord. Fahrer und Passagier saßen im offenen Zweisitzer auf einer Sitzbank, die kaum Schutz vor der Witterung bot. Die Höchstgeschwindigkeit des Minicar lag bei 56 km/h.

Mit der 1950 vorgestellten »Deluxe«-Version erhielt der Minicar einen größeren Motor mit 197 ccm Hubraum. Zudem schützte nun eine Windschutzscheibe aus Glas statt aus Acryl die Insassen. In einem Test des Magazins »The Motor« ermittelten die Redakteure eine

Das Lächeln der jungen Dame täuscht: Die frühen Modelle des Bond Minicar boten nur wenig Komfort.

Der Mensch hinter dem Lenkrad blickte auf eine übersichtliche Instrumentensammlung, die sich auf das Wesentliche beschränkte.

Höchstgeschwindigkeit von 69,7 km/h sowie eine Beschleunigung von 0 auf 50 km/h in 13,6 Sekunden. Mit einem Verbrauch von 3,9 Litern auf 100 Kilometern zählte der Minicar zu den besonders sparsamen Modellen auf dem Markt.
Während der Bauzeit entwickelte sich der Minicar zunehmend in Richtung eines »richtigen Automobils«. Die Scheinwerfer wanderten in die Kotflügel, der Kleinwagen erhielt eine Tür auf der Beifahrerseite, und gegen Aufpreis konnte ein elektrischer Anlasser bestellt werden. Diese Verbesserungen wirkten sich deutlich auf die Verkaufszahlen aus. Im Jahr 1955 verließen rund 100 Exemplare pro Woche die Fabrik, und 1956 entstanden etwa 14.000 Minicars. Zudem erkannten die Entwickler, dass auch Minicar-Besitzer Familien hatten, und werteten ihr Produkt mit einer Art Hängematte im Fond für den Nachwuchs auf – wirklich bequem war diese Lösung allerdings nicht.
Zum Ende der Bauzeit ähnelte der Bond Minicar immer stärker einem »erwachsenen Automobil« und verfügte nun über zwei Türen sowie ein Vierganggetriebe. Die Höchstgeschwindigkeit der Versionen Family, Tourer und Van lag bei 80 km/h. Gegen Aufpreis war der Minicar außerdem mit einem Dach aus glasfaserverstärktem Kunststoff erhältlich.
Die letzten Ausführungen des Minicar boten schließlich einen großzügigeren Innenraum mit Kurbeln für die Seitenscheiben, zudem wurde eine Kombiversion ins Programm aufgenommen. Doch inzwischen hatte sich die einfache Konstruktion des Bond Minicar überlebt. Die Kunden stellten höhere Ansprüche, und in Großbritannien entschieden sich viele Käufer lieber für den Morris Minor als preiswertes Alltagsfahrzeug.

Das Dreirad beschränkte sich konsequent auf das Nötigste – Komfort spielte dabei kaum eine Rolle.

GUTBROD SUPERIOR

NICHT FÜR HERRN JEDERMANN

Walter Gutbrod hatte genaue Vorstellungen von seinem Kleinwagen, und diese spiegelten sich bereits im Modellnamen wider. Der Superior sollte ganz bewusst kein primitives Fahrzeug wie viele andere Kleinstwagen auf dem Markt sein, sondern ein Automobil für Selbstständige, denen die Modelle aus Wolfsburg, Stuttgart, München, Rüsselsheim oder Köln zu kostspielig waren. Innenraum und Federung sollten daher den Komfort eines Mittelklassewagens erreichen, und bei der Form stand der Fiat Topolino Pate. Damit war auch die Karosserie definiert: Dem Unternehmer, der nach dem Zweiten Weltkrieg mit der Herstellung von Kleintransportern begonnen hatte, schwebte eine kleine Cabriolimousine vor.

Das Ergebnis war der Gutbrod Superior, der im März 1950 auf der damaligen Frankfurter Frühjahrsmesse erstmals der Öffentlichkeit vorgestellt wurde. Neben der Cabriolimousine stand auch eine Cabrio-Version auf dem Messestand des Unternehmens, die allerdings keine große Resonanz fand. Schon vor der offiziellen Präsentation hatten erste Presseberichte für eine wahre Auftragsflut gesorgt. Der Superior, zu Preisen zwischen 3.990 und 4.380 Mark angeboten, wurde in der Werbung als »Zweisitzer von Format« bezeichnet. Der Preis lag damit nur geringfügig unter dem des Volkswagen Käfers, der 4.400 Mark kostete.

Den Gutbrod Superior gab es auch als elegantes Cabriolet. Bei seiner Entwicklung legte Walter Gutbrod besonderen Wert auf Komfort.

Für Handwerker war die Kombi-Variante des Superior gedacht. Als Antrieb diente ein Zweizylinder-Zweitaktmotor mit 24 PS.

Die Cabriolimousine besaß – wie die übrigen Versionen – vorn eine Einzelradaufhängung und hinten eine Pendelachse.

Den Antrieb übernahm ein wassergekühlter Zweizylinder-Zweitaktmotor mit 593 ccm Hubraum, der bis zu 24 PS leistete und den Zweisitzer auf eine Höchstgeschwindigkeit von 100 km/h beschleunigte. Damit war der 3,50 Meter lange Kleinwagen auch auf der Autobahn kein Verkehrshindernis. 1951 präsentierte Gutbrod die in Zusammenarbeit mit Bosch entwickelte mechanische Benzineinspritzung. Damit gehörte das Unternehmen zu den Pionieren dieser Technik, die zeitgleich auch von Goliath erprobt wurde.
Neben dem Superior entstanden bei Gutbrod auch Lieferwagen für Handel und Handwerk. Das Gepäckabteil des Superior befand sich zunächst hinter den beiden Sitzen. Später erhielt das Fahrzeug eine Heckklappe, und ab 1952 wurde bei Westfalia zudem ein kleiner Kombi gefertigt.
Der Kleinwagen verfügte über eine Einzelradaufhängung: vorne Doppelquerlenker mit Schraubenfedern, hinten eine Pendelachse mit Teleskopstoßdämpfern und Schraubenfedern. Um die Qualität des Superior zu demonstrieren, nahm das Modell erfolgreich an zahlreichen Motorsportveranstaltungen teil. Nach dem ersten Auftritt in Frankfurt lagen rasch rund 3.000 Bestellungen vor, was zu Lieferzeiten von sechs bis acht Monaten führte. Gutbrod entschloss sich daher zu einer Quotenregelung: Jeder Händler, der drei Lieferwagen abnahm, erhielt einen Superior.
Die guten Zeiten neigten sich jedoch bald dem Ende zu. Ursache der Absatzprobleme war der Koreakrieg. Die Mangelwirtschaft kehrte zurück, die Preise für Stahlbleche stiegen kontinuierlich, und schließlich musste sich die Industrie mit staatlichen Materialzuweisungen abfinden. Die Folge waren weitere Preissteigerungen.
Das Modelljahr 1954 sollte die Marke eigentlich wieder auf die Erfolgsspur bringen, doch im Vergleich zur Konkurrenz aus Wolfsburg waren die neuen Fahrzeuge zu teuer geraten. Der Superior 700 sollte mit 5.490 Mark rund 300 Mark mehr kosten als der Volkswagen Käfer. Am Ende blieb nur noch der Konkurs: Statt Automobile entstanden in der Gutbrod-Fabrik fortan Kühlschränke von Bauknecht.

KLEIN-SCHNITTGER F125

NOCH EIN FLITZER

Wer sich keinen Volkswagen leisten konnte, fand im Kleinschnittger eine praktische und kompakte Alternative.

In den 1950er-Jahren nahm die bundesdeutsche Automobilindustrie langsam wieder Fahrt auf. Allerdings waren Fahrzeuge aus Stuttgart, München, Wolfsburg, Rüsselsheim oder Köln für viele Zeitgenossen schlicht zu teuer. Gleichzeitig suchten zahlreiche Menschen nach einer Alternative zum Motorrad oder Roller, um auch bei schlechten Witterungsbedingungen mobil zu bleiben. In diesen Jahren schlug die Stunde der preiswerten Klein- und Kleinstwagen – technisch meist einfache Lösungen auf vier Rädern, die von einer anspruchslosen Klientel geschätzt wurden. Allerdings scheiterten letztlich alle Hersteller dieser Fahrzeuggattung an derselben Grenze: Sobald das private Budget es zuließ, wechselten die Kunden zu »richtigen Automobilen«.
Zu den bekannten Produzenten dieser Klasse gehörten die 1949 gegründeten Kleinschnittger-Werke im sauerländischen Arnsberg. Gründer und Chefkonstrukteur Paul Kleinschnittger hatte bereits 1939 – denkbar ungünstig getimt – mit der Entwicklung eines Kleinwagens begonnen. Das Fahrgestell bestand überwiegend aus Flugzeugteilen. Nach dem Krieg bediente sich der Ingenieur heimlich ausrangierter Flugzeuge auf einem Militärflugplatz, um Bauteile für seine Konstruktion zu gewinnen. Ende der 1940er-Jahre stand sein erster Prototyp auf vier Rädern – eher eine Komposition aus unterschiedlichsten Quellen. Die Kotflügel stammten von einem Motorrad, die Windschutzscheibe von einem alten Militärflugzeug. Im Heck knatterte ein 98 ccm großer Zweitaktmotor von DKW. Für Nachtfahrten gab es lediglich einen Scheinwerfer, und Fahrtrichtungsanzeiger hielt Kleinschnittger für überflüssig.
Der von den Bauern der Umgebung spöttisch als »Kuchenbrett auf Rädern« bezeichnete Typ 98 markierte dennoch den Startschuss für die Serienfertigung, die durch die Investition des Kaufmanns Walter Lembke ermöglicht wurde. Bei der Suche nach einem geeigneten Produktionsstandort wurden die beiden im Sauerland

Mit nur 150 Kilogramm Gewicht zählte der Kleinschnittger zu den leichtesten Automobilen seiner Zeit.

fündig und bezogen eine Fabrik in Arnsberg. Kurz nach Produktionsbeginn sprach die regionale Presse bereits euphorisch vom »Volkswagen aus dem Sauerland«. In der neuen Fabrik ging bald das Modell Kleinschnittger F125 in Produktion, nachdem sich gezeigt hatte, dass der Typ 98 für eine Serienfertigung ungeeignet war.

Das neue Modell entwickelte Kleinschnittger innerhalb weniger Monate. Im Gegensatz zum Typ 98 besaß der F125 eine Aluminiumkarosserie, die auf einem Zentralrohrrahmen montiert war. Um Gewicht zu sparen, verzichtete Kleinschnittger auf eine Starterbatterie. Der Kleinwagen wurde wie ein Motorrasenmäher per Seilzug gestartet. Dank dieser Maßnahmen brachte der F125 gerade einmal 150 Kilogramm auf die Waage. Als Antrieb genügte daher ein Einzylinder-Zweitaktmotor der Pinneberger Ilo-Motorenwerke mit einer Leistung von sechs PS, der eine Höchstgeschwindigkeit von 70 km/h ermöglichte – ausreichend für die damalige Autobahn.

Der unter der Fronthaube montierte Motor begnügte sich mit knapp drei Litern Zweitaktgemisch auf 100 Kilometern. Die Kraftübertragung übernahm ein Dreiganggetriebe ohne Rückwärtsgang. Der Wagen war so leicht, dass man ihn einfach anheben konnte, um ihn in die gewünschte Richtung zu drehen. Als Schutz vor Wetterkapriolen diente ein Notverdeck.

Ab April 1950 wurden durchschnittlich rund 50 F125 pro Monat gefertigt. Um die Fahrzeuge zum Verladen an den Arnsberger Bahnhof zu bringen, spannte Kleinschnittger bis zu 15 Exemplare hinter seine Fiat-Limousine und sorgte damit regelmäßig für Aufsehen. Während der Bauzeit von 1950 bis 1957 entstanden insgesamt 2.980 F125, die zu Preisen zwischen 1.995 und 2.450 Mark angeboten wurden.

Der F125 war zwar winzig, bewährte sich jedoch auch im Motorsport. Bei der Rallye Lissabon–Madrid belegte der Kleinwagen den zweiten Platz in der Klasse bis 1.100 ccm – hinter einem Porsche.

Mit dem F250 plante Kleinschnittger die Entwicklung eines größeren Modells, doch der Konkurs im Jahr 1957 beendete das Kapitel Kleinschnittger endgültig.

Für seinen Kleinstwagen verlangte Kleinschnittger mindestens 1995 Mark.

Vor allem bei schönem Wetter erwies sich der Kleinwagen als angenehmer Begleiter.

Das kleine Cabriolet besaß keinen Rückwärtsgang; bei Bedarf konnte der Wagen einfach in die gewünschte Richtung gehoben werden.

STAUNAU
STRASSENKREUZER IM KLEINFORMAT

Unter der ausladenden Karosserie arbeitete ein 400-ccm-Zweitaktmotor mit bescheidenen 14 PS.

Karl-Heinz Staunau war in den ersten Nachkriegsjahren ein erfolgreicher Unternehmer. Zunächst stellte er Eismaschinen her, die ihm förmlich aus den Händen gerissen wurden. Doch nachdem der Hunger der Bundesbürger nach Speiseeis gestillt war, musste sich der findige Hamburger nach neuen Geschäftsfeldern umsehen und entwickelte Maschinen für Bäckereien und Konditoren. Als auch dort der Absatz zurückging, wandte sich Staunau dem Automobilbau zu. In den Jahren nach dem Krieg versuchten sich zahlreiche Glücksritter als Automobilproduzenten, und für den selbstbewussten Unternehmer bestand kein Zweifel daran, dass er auch in diesem neuen Geschäftsfeld erfolgreich sein würde.
Als Hauptkonkurrent hatte Staunau Volkswagen ausgemacht, und sein eigenes Modell sollte vor allem schöner sein als der Käfer. Den Antrieb lieferten die Ilo-Motorenwerke in Pinneberg, und der neue Entwicklungschef begann, um den 400 ccm großen Zweitaktmotor eine Limousine zu entwerfen. Die dafür benötigten Komponenten kamen unter anderem von Bielstein oder ZF, die Bremsanlage stammte von ATE – allesamt renommierte Zulieferer. Beim Design verlangte Staunau eine Form, die an seinen privaten Buick erinnerte. Zudem erhielt der Staunau K 400 eine selbsttragende Karosserie, was zu jener Zeit noch keineswegs selbstverständlich war.
Die Limousine unterschied sich deutlich von den meisten Klein- und Kleinstwagen, die damals in Deutschland entstanden. Allerdings war der kleine Zweitaktmotor mit seinen 14 PS nicht unbedingt der ideale Partner für den

immerhin 4,12 Meter langen Wagen. Mehr als 92 km/h waren nicht möglich, weshalb beim Staunau K 750 ein größerer Motor mit 25 PS zum Einsatz kam. Staunau verstand es ausgezeichnet, die Werbetrommel für seine Modelle zu rühren, und bezeichnete sie selbstbewusst als die »schönsten Kleinwagen auf dem Markt«. Das Publikum zeigte sich tatsächlich beeindruckt: Das Design übernahm zahlreiche amerikanische Stilmerkmale, sodass die Staunau-Fahrzeuge wie kleine Straßenkreuzer wirkten – auch wenn sich unter der ausladenden Motorhaube lediglich ein winziger Zweitakter verbarg.

Die Öffentlichkeit sah die beiden Staunau-Modelle erstmals auf der Berliner Automobilausstellung im Mai 1950. Wenige Tage nach der Eröffnung sprach der Unternehmer bereits von 120 Bestellungen. Weitaus bedeutender waren jedoch die Gerüchte, wonach Chrysler Gefallen an den Modellen gefunden haben soll und angeblich eine Partnerschaft mit dem Hamburger Unternehmen plante. Zeitgenössische Berichte wollten wissen, dass Walter Chrysler persönlich am Staunau-Stand gesichtet worden sei. Demnach habe der drittgrößte Automobilkonzern der Welt erwogen, die Mini-Straßenkreuzer in sein europäisches Verkaufsprogramm aufzunehmen – sogar von einer Produktion in den USA war die Rede. Wer diese Gerüchte streute, ließ sich später nicht mehr klären.

Im Sommer 1950 sah die Zukunft des jungen Unternehmens vielversprechend aus, und Erfolge bei einer Rallye in Norddeutschland untermauerten die Qualität der Konstruktion. Doch dann wendete sich das Blatt. Mit Preisen von 4.752 beziehungsweise 6.457 Mark waren die beiden Modelle schlicht zu teuer. Die erhoffte Partnerschaft mit Chrysler kam nicht zustande, andere Investoren hielten sich ebenfalls zurück, und zudem verweigerte die Hansestadt Hamburg dringend benötigte Aufbaukredite. So endete das Abenteuer Staunau Automobilwerke nach insgesamt nur 80 verkauften Fahrzeugen bereits 1951 in einem spektakulären Konkurs.

Hamburg bildete den Sitz der Staunau-Werke.

Dem als »schönsten Kleinwagen« gefeierten Staunau war nur eine kurze Produktionslaufbahn beschieden.

MESSERSCHMITT KABINENROLLER

ROLLER MIT DACH

Der Kabinenroller war zu seiner Zeit ein beliebtes Fahrzeug für Ausflüge zu zweit.

Nachdem Fritz Fend seine Laufbahn als Automobilproduzent in Rosenheim mangels wirtschaftlichen Erfolgs beendet hatte, kehrte er zu seinen Wurzeln zurück und schloss sich den Messerschmitt-Werken an. Das Unternehmen war auf der Suche nach neuen Produkten, da es zu dieser Zeit keine Flugzeuge produzieren durfte. Willy Messerschmitt erkannte das Potenzial in den Plänen des Ingenieurs, und das Ergebnis war der KR 175, der im Frühjahr 1953 auf dem Genfer Automobilsalon seinen ersten öffentlichen Auftritt hatte. Der Messerschmitt Kabinenroller verfügte über drei Räder und zwei hintereinander angeordnete Sitzplätze unter einer an eine Flugzeugkanzel erinnernden Plexiglashaube, die zum Einstieg seitlich aufgeklappt wurde.

Den Antrieb übernahm ein 174 ccm großer Einzylinder-Zweitaktmotor von Fichtel & Sachs, der neun PS leistete und das 210 Kilogramm leichte Fahrzeug auf eine Höchstgeschwindigkeit von bis zu 90 km/h beschleunigte. Der 2,80 Meter lange Kabinenroller besaß drei Räder, wobei das einzelne Rad im Heck als Antriebsrad diente. Die Karosserie trug den etwas hochtrabenden Namen »Plexiglas-Vollsichtcoupé«, im Volksmund war jedoch bald vom »Schneewittchensarg« oder vom »Menschen in Aspik« die Rede. Gesteuert wurde das Fahrzeug über einen modifizierten Motorradlenker, der die beiden Vorderräder bewegte.

Die guten Nachrichten für Messerschmitt – das Unternehmen durfte bald wieder Flugzeuge bauen – erwiesen sich als schlechte Nachrichten für den pfiffigen Kabinenroller. Angesichts der wachsenden Aufträge für die Flugzeugsparte entschied Willy Messerschmitt 1956, sich aus dem Automobilbau zurückzuziehen. Bis dahin

Die Gebrauchsanweisung widmete dem Einsteigen in den Kabinenroller eine besonders ausführliche Beschreibung.

waren rund 40.000 Kabinenroller verkauft worden. Zwar hatte er sich kurz zuvor noch ausdrücklich für den Fahrzeugbau ausgesprochen: »So ist das Werk Regensburg ausschließlich für den Fahrzeugbau eingerichtet worden und wird auch diesem allein vorbehalten bleiben.« Dennoch übernahm nach Messerschmitt die Fahrzeug- und Maschinenbau Regensburg GmbH (FMR) die Produktion. Das Unternehmen war von Fritz M. Fend und dem Fabrikanten Valentin Knott gegründet worden.

Im FMR-Werk entstand der weiterentwickelte KR 200, den zeitgenössische Autotester als »Düsenjäger des kleinen Mannes« lobten. Gleichzeitig bescheinigten die Experten dem Modell, es sei »der einzige Kleinfahrzeugtyp um 2.500 Mark, der tatsächlich eine vollkommene Harmonie von Motortemperament und Fahreigenschaften bietet«. Neben dem KR 200 wurde in Regensburg auch der FMR Tg 500 mit vier Rädern gebaut. Dessen 494 ccm großer Zweitaktmotor von Fichtel & Sachs leistete 19,9 PS und beschleunigte den Winzling auf beachtliche 130 km/h. Damit bewegte er sich auf dem Leistungsniveau »erwachsener Limousinen« – ein Porsche 356 erreichte damals maximal 145 km/h. Ursprünglich sollte der Tg 500 unter dem Namen »Tiger« verkauft werden, doch diese Bezeichnung war bereits für Lastwagen von Krupp geschützt. Von dem kompakten Kraftpaket entstanden insgesamt knapp 1.000 Exemplare.

In der Bedienungsanleitung für den Messerschmitt Kabinenroller war dem Einsteigen ein eigenes Kapitel gewidmet. Dort wurden die Passagiere aufgefordert, sich »vor dem Öffnen der Haube« zu vergewissern, »ob rechts neben dem Fahrzeug auch genügend Platz ist. Haube langsam anheben und rechts überkippen, bis der Lederriemen straff gespannt ist.«

Obwohl mit dem Kabinenroller zahlreiche Rekordfahrten erzielt wurden, gingen die Bestellungen für den Zweisitzer Anfang der 1960er-Jahre kontinuierlich zurück. Der letzte Kabinenroller verließ schließlich 1964 die Regensburger Werkshallen. Insgesamt entstanden 66.806 Exemplare.

Der Messerschmitt-Kabinenroller sollte auch für Geschäftsreisende eine kompakte Alternative zum VW Käfer bieten.

Der Kabinenroller galt als »Düsenjäger des kleinen Mannes«.

Variante 5
Bis 1964 entstanden insgesamt 66.806 Kabinenroller.

Auf drei Rädern bot der Kabinenroller Platz für zwei Personen.

Kompakt, wendig und futuristisch: Der Kabinenroller vereinte Technik und Design wie kein anderes Fahrzeug seiner Zeit.

MEYRA
VOM KRANKENFAHRSTUHL ZUM AUTOMOBIL

Die Fahrzeuge von Wilhelm Meyer erinnerten in Form und Größe an motorisierte Krankenfahrstühle. Dieses Exemplar steht in der Vehikelsammlung Eppelheim.

Die Geschäfte von Wilhelm Meyer liefen nach Kriegsende gut. Der Unternehmer stellte motorisierte Krankenfahrstühle für Kriegsversehrte her. Doch seine Kundschaft – damals lebten in Deutschland rund 800.000 schwerbehinderte Menschen – verlangte nach einem Fahrzeug mit Dach, um auch bei schlechten Witterungsbedingungen mobil sein zu können. Meyer reagierte auf diesen Wunsch, und in seiner Fabrik im Weserbergland entstand mit dem Typ 55 ein Kleinwagen, der vom Fachblatt »Auto und Kraftrad« für seinen »ansprechenden und modernen Linienfluss« gelobt wurde.
Das dreirädrige Fahrzeug besaß eine Fronthaube, und im Innenraum fanden zwei Personen Platz. Der 250 ccm große Motor leistete sieben PS und beschleunigte das Gefährt auf eine Höchstgeschwindigkeit von 70 km/h. Meyer bot seinen Kunden maßgeschneiderte Ausführungen an, die auf die jeweiligen Behinderungen abgestimmt waren. Für seine Konstruktionen verlangte das Unternehmen damals rund 3.000 Mark. Neben Menschen mit Behinderungen griffen auch Kunden ohne körperliche Einschränkungen zu.
Wilhelm Meyer konnte sich den Ausflug in die Automobilproduktion leisten, weil das Geschäft mit den Krankenfahrstühlen ausreichend Kapital erwirtschaftete. 1954 nahm der Unternehmer Kontakt zur BASF auf, nachdem er erfahren hatte, dass in den USA ein Sportwagen mit Kunststoffkarosserie auf den Markt gekommen war. Dieses Material wollte er nun auch für seine Fahrzeuge nutzen. Nach langen Verhandlungen brachte Meyer 1955 mit dem Meyra 200-2 das erste deutsche Serienfahrzeug

mit Kunststoffkarosserie auf die Straße.
Den Antrieb übernahm ein Zweitaktmotor der Ilo-Motorenwerke, die damals nahezu alle Hersteller von Klein- und Kleinstwagen belieferten. Der Motor leistete 9,7 PS, was eine Höchstgeschwindigkeit von 70 km/h ermöglichte.
Das Modell war bei der Stammkundschaft beliebt, doch der Konkurrenz »richtiger« Kleinwagen wie der BMW Isetta oder das Goggomobil hatte Meyra wenig entgegenzusetzen. Deshalb entschloss sich Meyer nach der IAA 1955, die Automobilproduktion einzustellen – obwohl bereits rund 500 Bestellungen vorlagen. Da jedes gebaute Fahrzeug einen Verlust von etwa 200 Mark bedeutete, plante Meyer, die Aufträge zu stornieren. Die Kunden klagten jedoch, und das Oberlandesgericht Bielefeld verurteilte das Unternehmen zur Auslieferung der bestellten Fahrzeuge. In der Urteilsbegründung stellten die Richter fest, es gebe »nichts Vergleichbares auf dem Markt«.
Meyer akzeptierte das Urteil und lieferte bis Mitte 1956 sämtliche Bestellungen aus. Anschließend konzentrierte sich das Unternehmen wieder vollständig auf die Produktion von Krankenfahrstühlen.

Den Antrieb übernahm ein 250-ccm-Motor mit sieben PS.

Als Höchstgeschwindigkeit wurden 70 km/h angegeben.

Im Jahr 1956 endete die kurze, aber bemerkenswerte Karriere der Meyra-Fahrzeuge.

ALLARD CLIPPER

DREI RÄDER

Das Dreirad Allard Clipper wurde von David Gottlieb entwickelt.

Der Brite Sydney Allard war ein erfolgreicher Rennfahrer, der gegen Ende der 1930er-Jahre begann, eigene Sportwagen zu entwickeln, die sich vor allem in den USA gut verkaufen ließen. Nach dem Zweiten Weltkrieg setzte er seine Karriere fort und brachte leistungsstarke Modelle auf den Markt, die Antriebe von Jaguar, Mercury oder Chrysler nutzten. 1952 gewann Allard mit einer Eigenkonstruktion die Rallye Monte Carlo und plante gleichzeitig eine Erweiterung seiner Modellpalette, um neue Kundenkreise zu erschließen. Diese sah er bei preisgünstigen Kleinwagen, die in den ersten Nachkriegsjahren in Großbritannien besonders gefragt waren.

Das auf den Namen Clipper getaufte Dreirad wurde von David Gottlieb entwickelt und über das einzelne Vorderrad gelenkt. Auf einem Stahlrahmen war eine Karosserie aus glasfaserverstärktem Kunststoff montiert, die vom britischen Flugzeugkonstrukteur Hordern-Richmond gefertigt wurde. Damit war der Clipper das erste britische Automobil mit einer Kunststoffkarosserie.

Im Innenraum befand sich hinter der Windschutzscheibe eine Sitzbank für drei Personen.

Zwei klappbare Notsitze im Heck waren für Kinder vorgesehen. Den Antrieb übernahm ein 346 ccm großer Zweitaktmotor von Villiers Ltd., der acht PS leistete und ursprünglich für Motorräder entwickelt worden war. Der Heckmotor trieb über eine Kette das linke Hinterrad an. Als Zielgruppe hatte Allard junge Familien im Blick und bewarb den Clipper entsprechend vollmundig als Fahrzeug für fünf Personen. Die Werbung fiel dementsprechend aus: »Take the nipper in a Clipper«.

So weit die Pläne des Unternehmers. Die Realität zeigte jedoch bald die Schwächen des Clipper. Die Technik erwies sich als unausgereift, und die ungeschützten Notsitze im Heck stellten ein nicht unerhebliches Sicherheitsrisiko für den Nachwuchs dar. Offenbar erschienen Allard die notwendigen Nachbesserungen zu kostspielig, sodass er das Projekt nach der Fertigung von rund 20 Prototypen einstellte und sich wieder auf seine leistungsstarken Sportwagen konzentrierte.

Mit dem Clipper strebte Sydney Allard eine Erweiterung seiner Modellpalette an.

DORNIER DELTA

VIEL GELOBT, ABER NIE GEBAUT

Der Flugzeugkonstrukteur Claudius Dornier wagte sich auch an die Entwicklung eines Automobils.

Claudius Dornier Junior war in erster Linie Flugzeugkonstrukteur, doch im »Nebenberuf« beschäftigte sich der Ingenieur mit der Entwicklung eines preiswerten und einfachen Automobils. Bereits in den 1940er-Jahren machte er sich in Argentinien Gedanken darüber, wie ein derartiges Fahrzeug aussehen könnte, und kam noch vor der Isetta zu der Lösung, dass Fahrer und Passagiere den Kleinwagen von vorne durch eine weit öffnende Klapptür betreten mussten. 1948 entstanden erste Zeichnungen, und 1953 folgten Konstruktionspläne für das noch namenlose Fahrzeug mit zwei klappbaren Front- und Hecktüren, in dem die Passagiere Rücken an Rücken saßen. Der Antrieb war als Mittelmotor ausgelegt. Die streng symmetrische Form ermöglichte die Herstellung der wenigen Karosserieteile mit nur einem Werkzeug. Neben dem ersten Prototyp entstanden auch Zeichnungen für weitere Modellvarianten.

Vater Dornier war von den Überlegungen seines Sohnes begeistert, und gemeinsam beschlossen die Dorniers, das Modell serienreif zu machen, um die Entwicklung anschließend an einen der großen Automobilhersteller zu verkaufen. Der Senior hatte auch den Namen für das Gefährt parat und taufte die Dreieckskonstruktion »Delta«. 1954 war der Prototyp fertig und absolvierte in der Umgebung von München erste Erprobungsfahrten. Dabei stießen die Testfahrer auf ein anderes Fahrzeug mit Fronteinstieg – die BMW Isetta befand sich zur gleichen Zeit in der Erprobung. Beim Dornier Delta übernahm zunächst ein 400 ccm großer Motor von Victoria den Antrieb, der später gegen ein Ilo-Triebwerk ersetzt wurde. Dornier Senior brachte den Delta nach Stuttgart, um die Einschätzung der Mercedes-Chefetage einzuholen. Die Verantwortlichen waren vom Fahrverhalten des Kleinwagens beeindruckt,

lehnten jedoch eine Serinproduktion ab.
Auch bei der Vorstellung des 2,88 Meter langen Delta erhielt die Konstruktion viel Lob. Besonders der großzügige Innenraum überzeugte die Experten. Dornier hoffte nun, dass ein Hersteller die Lizenz für die Produktion übernehmen würde, doch die IAA 1955 verlief enttäuschend – kein etablierter Produzent zeigte Interesse. Schließlich übernahmen die Zündapp-Werke die Form in Lizenz und entwickelten daraus den Janus.
Trotzdem blieb Dornier seinem Projekt treu und entwickelte den Delta kontinuierlich weiter. Nach der IAA 1973 machte er sich berechtigte Hoffnungen, dass ein Konzern das Konzept in Serie bringen würde. Der deutlich weiterentwickelte und aufwendigere Delta 2 stand 1973 auf der IAA in Frankfurt, und tatsächlich zeigte Renault Interesse. Für den Prototyp wurde in München ein 27 PS starker Motor aus dem Renault 4 eingebaut, und der Delta 2 absolvierte in Frankreich während des Winters 1973/74 umfangreiche Testfahrten. Im Frühjahr 1974 kehrte das Fahrzeug jedoch nach München zurück – Renault verzichtete, und der Delta 2 ging nie in Serie.

Die Konstruktion fand allgemeine Anerkennung, wurde jedoch nie in Serie produziert.

1954 begannen die ersten Testfahrten mit dem ungewöhnlichen Kleinwagen.

Das Heck des Delta ließ sich als großzügiger Laderaum nutzen.

Der Delta aus dem Hause Dornier eignete sich ebenso als komfortabler Freizeitbegleiter.

Für den Einstieg verfügte der Delta, ähnlich wie die BMW Isetta, über eine große Frontklappe.

METROPOLITAN
KLEINER EUROPÄER IN DEN USA

Mit dem Nash Metropolitan schuf die American Motors Corporation eine kompakte Alternative zum VW Käfer.

Metropolitan

In den 1950er-Jahren wuchsen die Abmessungen der US-amerikanischen Automobile immer weiter, doch neben den sogenannten Straßenkreuzern griff eine wachsende Zahl von Kunden zu den wesentlich kleineren europäischen Modellen. Vor allem der Volkswagen Käfer stand bei dieser Zielgruppe hoch im Kurs. Bei der American Motor Corporation (AMC) entstanden damals Überlegungen, wie man in dieser Klasse ebenfalls erfolgreich sein könnte. Das Ergebnis war der Nash Metropolitan, der zwischen 1954 und 1962 in den USA angeboten wurde. Beim Design war Pinin Farina maßgeblich beteiligt, und nachdem die ersten Reaktionen der angepeilten Kundschaft positiv ausfielen, beschlossen die AMC-Verantwortlichen, den Metropolitan zu produzieren. Die Frage war jedoch, wo die Fertigung stattfinden sollte, denn die Kosten für eine Produktion in den USA waren zu hoch, um einen wettbewerbsfähigen Preis zu erreichen.
Die Verantwortlichen gingen auf Suche nach einem Partner in Europa und wurden in Großbritannien fündig. Dort sollten die Karosserien des amerikanischen Kleinwagens bei dem Spezialisten Fisher & Ludlow gefertigt werden. Für die Mechanik wurde Austin als weiterer Partner gewonnen. Zum ersten Mal wurde damit ein in den USA entworfenes Modell in Europa produziert.
Den Kunden standen zwei Varianten des Metropolitan zur Wahl: ein Cabriolet und ein Coupé, beide ausgestattet mit Details, die bei anderen Herstellern nur gegen Aufpreis erhältlich waren. Dazu gehörten unter anderem eine Leseleuchte und ein am Heck montiertes Reserverad mit Abdeckung.
Mit einer Länge von 3,8 Metern war der Metropolitan kürzer als ein direkter Konkurrent aus Wolfsburg. Die Antriebstechnik stammte vom Austin A40: Der 1,2-Liter-Vierzylinder leistete 42 PS und beschleunigte den Kleinwagen auf maximal 120 km/h. Die Kraft wurde über eine Dreiganglenkradschaltung an die Hinterräder übertragen. 1956 wuchs der Hubraum auf 1,5 Liter, und die Leistung stieg auf 52 PS. Bis 1962 rollten insgesamt rund 95.000 Metropolitan über die amerikanischen Highways, womit der kleine Wagen zu den erfolgreichsten Importmodellen auf dem US-Markt gehörte.

Der Metropolitan wirkte wie ein verkleinerter »Straßenkreuzer« und erfreute sich besonders als Cabriolet großer Beliebtheit.

Mit seiner Zweifarbenlackierung griff der Nash Metropolitan ein damals in den USA besonders populäres Designelement auf.

Wie beim Cabriolet entstand auch die Karosserie des Coupés in Großbritannien beim Karosseriespezialisten Fisher & Ludlow.

GOGGOMOBIL
DER KLEINE BESTSELLER

Mit dem Coupé auf Basis des Goggomobil brachte Glas einen Hauch von Eleganz in die Kleinstwagenklasse.

Unter den deutschen Herstellern von Klein- und Kleinstwagen nimmt die Landmaschinenfabrik Isaria im bayerischen Dingolfing eine Sonderstellung ein. Das Unternehmen begann bereits 1955 mit der Produktion eines Rollers, doch mit dem wachsenden Wohlstand verlangten die Bundesbürger nach Fahrzeugen »mit Dach«. Firmenchef Hans Glas reagierte und begann mit der Entwicklung eines Kleinwagens, der vier Personen Platz bieten sollte.

Dass tatsächlich vier Erwachsene bequem Platz fanden, war eher der Fantasie der Werbeleute geschuldet: Bei einer Innenraumlänge von lediglich 1,6 Metern herrschte im Fahrzeug große Enge. Der Name für den Kleinwagen war schnell gefunden: »Goggo« war der Kosename eines Enkels von Hans Glas und wurde bereits für die Roller des Unternehmens genutzt. Zwischen 1955 und dem Produktionsende 1969 entstanden insgesamt 280.730 Exemplare des kleinen Wagens.

Ursprünglich sollte der Goggo wie die Isetta von BMW eine Fronttür erhalten, um den vermeintlich unbequemen Seiteneinstieg zu vermeiden. Kurz vor Produktionsstart änderte Glas jedoch seine Meinung, und die Entwickler spendierten dem Kleinwagen zwei nach vorne öffnende Seitentüren.

Die erste Ausgabe des Goggo verzichtete auf jeden Komfort. Im Heck arbeitete ein luftgekühlter Zweitaktmotor mit zunächst 250 ccm Hubraum und 14 PS, ausreichend für eine Höchstgeschwindigkeit von 80 km/h. Später wuchs der Antrieb auf 300 ccm (maximal 85 km/h) oder 400 ccm mit 20 PS (maximal 100 km/h). 1957 erhielt der Goggo immerhin

Das Goggomobil Coupé war für 3670 Mark erhältlich und besonders bei weiblicher Kundschaft beliebt.

Eine Cabriolet-Version wäre eine naheliegende Ergänzung gewesen – doch es blieb bei einem Prototyp.

Trotz seiner kompakten Maße wurde der Goggo in der Werbung auch als praktischer Familienbegleiter präsentiert.

Für viele Käufer stellte die Goggo-Limousine eine erschwingliche Alternative zum deutlich teureren Volkswagen Käfer dar.

einen zweiten Scheibenwischer. Die Karosserie war auf einem Plattformrahmen verschraubt und wirkte wie eine »richtige« Stufenheck-limousine im Miniaturformat. Zunächst gab es den Wagen nur in »Saharabeige«. Mit einem Preis von 2.940 Mark ermöglichte der Kleinwagen 1955 einer anspruchslosen Kundschaft den Einstieg in die private Mobilität – der Volkswagen Käfer »Standard« kostete damals mindestens 3.790 Mark.
Wie der Käfer wurde der Goggo bis 1961 auch in die USA exportiert, dort kostete er 995 Dollar. Das später nachgereichte Coupé stand als »De Ville Coupé« für 1.495 Dollar bei den Händlern, und zeitweise kursierten Gerüchte, Studebaker wolle den Kleinwagen in Lizenz bauen – daraus wurde jedoch nichts. Zwischen 1959 und 1962 entstand in Australien ein kleiner Roadster auf Goggo-Basis, und in Spanien wurde der bayerische Kleinwagen ebenfalls in Lizenz gefertigt.
1957 überraschte Goggo die Öffentlichkeit mit einem Coupé, das für 3.670 Mark angeboten wurde. Es war besonders bei der weiblichen Kundschaft beliebt und verfügte über ein »Selectomat« genanntes elektromagnetisches Vorwählgetriebe von Getrag, dessen zierlicher Schalthebel im Armaturenbrett untergebracht war. Ein Cabriolet wurde ebenfalls entwickelt, ging jedoch nie in Serie. Technische Überarbeitungen blieben während der langen Bauzeit Mangelware – die genügsame Kundschaft war offenbar mit dem Kleinwagen zufrieden.
Eine komplett neue Karosserie war für 1960 geplant, wurde aber wieder verworfen, weil sich der Ur-Goggo weiterhin gut verkaufte. Ende der 1960er-Jahre geriet das Unternehmen, das inzwischen eine vollständige Palette »richtiger Automobile« bis hin zum V8-Coupé aufgebaut hatte, in wirtschaftliche Schwierigkeiten und wurde von BMW übernommen. 1969 endete schließlich das Kapitel Goggo in der deutschen Automobilgeschichte.

Der Fiat Multipla war ein vielseitiges Fahrzeug für unterschiedlichste Einsätze und wurde unter anderem von der staatlichen Elektrizitätsgesellschaft genutzt.

FIAT MULTIPLA
ERST KLASSIKER, DANN UMSTRITTEN

Dante Giacosa (1905–1996) gilt als Vater der italienischen Massenmotorisierung. 1933 entwarf er mit dem Fiat 500 »Topolino« den »italienischen Volkswagen«, der 1936 auch auf der Deutschen Automobilausstellung in Berlin gezeigt wurde. Bis in die 1970er-Jahre entwarf der gebürtige Römer Klassiker wie den Fiat 1100, der bis 1999 in Indien als Premier Padmini produziert wurde, den Fiat 124, der sich zum Weltauto entwickelte und mehr als 20 Millionen Mal hergestellt wurde, sowie die größeren Limousinen Fiat 1400/1500 und den Typ 130. 1955 kam der von Giacosa entworfene Fiat 600 auf den Markt, der das Italien der Nachkriegszeit mobil machte. Angetrieben von einem 600 ccm großen Heckmotor wurde der Kleinwagen schnell zum Familientransporter. Ein Jahr später stellte Giacosa ein vollkommen neues Konzept vor, das Jahrzehnte später von fast allen Herstellern wieder aufgegriffen wurde: den Fiat 600 Multipla. Auf dem Brüsseler Automobilsalon 1956 erstmals gezeigt, rollte damit der erste Minivan bzw. das erste »Multi-Space-Mobil« in die Modellpalette eines Herstellers. Für die Konstruktion übernahm Giacosa die Antriebstechnik des Fiat 600, verlängerte die Karosserie am Heck und ersetzte die Fronthaube durch eine vertikale Form, sodass der Multipla wie eine Miniaturausgabe eines Reisebusses wirkte. Fahrer und Passagiere erreichten den Innenraum über vier Türen. Dort, wo beim 600 Reserverad und Tank untergebracht waren, befand sich im Multipla eine Art Sofa für zwei Personen, dahinter zwei Sitzreihen mit ausreichend Platz für die italienische Großfamilie – insgesamt sechs Personen. Das Reserverad wanderte vor den Sitz des Beifahrers, die maximale Zuladung lag bei 350 Kilogramm.
Der Multipla war spartanisch, aber vielseitig. Die beiden hinteren Sitzreihen ließen sich umklappen, sodass Handwerker den Wagen während der Woche als Transportmittel nutzen und am Wochenende mit der Familie auf Tour gehen konnten. Dabei entstand eine Ladefläche von knapp zwei Metern – ein minimalistisches Reisemobil.
Das Premierenmodell wurde von einem 633 ccm großen Vierzylinder mit 21,5 PS an-

Auf kompakter Grundfläche bot der Multipla ausreichend Platz für die Urlaubsreise einer italienischen Großfamilie.

Der Multipla wirkte wie ein »aufgeblasener« Fiat 600 und gilt als einer der frühen Vorläufer des Minivans.

Auch bei Taxiunternehmern war der Multipla beliebt und prägte vielerorts das Straßenbild.

Als Taxi trug der Multipla in Italien die klassische grün-schwarze Lackierung.

getrieben, was eine Höchstgeschwindigkeit von 90 km/h erlaubte – völlig ausreichend in einer Zeit, als Autobahnen in Italien noch selten waren. 1960 erhielt der Multipla einen stärkeren Motor mit bis zu 48 PS, ohne dass sich der Benzinverbrauch erhöhte. Neben Familienvätern griffen vor allem Taxiunternehmen zu, sodass der Multipla in den 1960er-Jahren das Straßenbild Italiens prägte. Typisch waren die Zweitonlackierungen der Taxis (oben schwarz, unten grün), die bald auch von Privatkunden nachgefragt wurden.

Während der klassische Multipla wegen seiner Vielseitigkeit akzeptiert wurde, hatte der 1998 vorgestellte Nachfolger auf dem Pariser Automobilsalon deutlich mehr Schwierigkeiten. Der kompakte Familientransporter übernahm das Konzept seines Vorgängers, bot Platz für sechs Personen und viele Sitzkonfigurationen, doch das Design aus dem Centro Stile in Turin polarisierte stark. Der neue Multipla basierte auf der Plattform des Fiat Bravo und wurde als Benziner, Diesel, Erdgas- und Hybridversion angeboten.

Um drei Passagiere vorne unterzubringen, verlegten die Entwickler den Schalthebel in die Armaturentafel – eine ungewohnte Lösung. Auch die Front wirkte eigenwillig: Unter der Windschutzscheibe befanden sich die Fernlicht-Scheinwerfer und das Fiat-Logo, darunter ragte die Motorhaube hervor. Kritiker nannten den neuen Multipla eines der hässlichsten Fahrzeuge aller Zeiten. Dabei übersehen sie oft, dass es den Turiner Designern gelungen war, einen vollwertigen Minivan auf vier Meter Länge zu realisieren, der zudem ein überraschend gutes Fahrverhalten bot.

Kuratoren des New Yorker Museum of Modern Art zeigten sich weniger kritisch: In der Ausstellung »Different Roads – Automobiles for the Next Century« war der Multipla Bipower neben neun weiteren innovativen Fahrzeugen wie Mini, Audi A1, Smart und Ford Ka vertreten. Neben der Version mit sechs Einzelsitzen gab es auch eine Fünfsitzer-Ausführung mit einer Multifunktionsbox inklusive Kühlbox zwischen den Frontsitzen. Die Motoren leisteten zwischen 103 und 120 PS. Im Juni 2004 erschien der Multipla mit einer geglätteten, gefälligeren Karosserie, doch der ursprüngliche Ruf des Modells blieb bestehen.

Der moderne Multipla überraschte die automobile Welt mit seinem ungewöhnlichen Design.

Wie sein historisches Vorbild war auch der Multipla der zweiten Generation vor allem für den Transport von Familien konzipiert.

Das Design des Multipla war von Beginn an umstritten und erwies sich für den Markterfolg nicht unbedingt als förderlich.

Der Innenraum folgte einem klaren Konzept: drei Sitze vorn und drei hinten – eine in dieser Klasse seltene 3-3-Sitzanordnung.

Mit seinem ungewöhnlichen Design setzte der Multipla bewusst auf Eigenständigkeit und hob sich deutlich vom automobilen Einerlei ab.

Die erhöhte Karosserie und die große Fensterfläche sorgten für eine ausgezeichnete Rundumsicht.

Der Multipla verstand sich als modernes Familienfahrzeug, das Funktionalität und Alltagstauglichkeit in den Mittelpunkt stellte.

Trotz kompakter Außenmaße bot der Multipla ein überraschend großzügiges Raumgefühl für Fahrer und Passagiere.

Das Cockpit wirkte, milde ausgedrückt, gewöhnungsbedürftig und wenig übersichtlich.

ZÜNDAPP JANUS
DER DOPPELKOPF

Ungewöhnlich – im Zündapp Janus nahmen die Passagiere Rücken an Rücken Platz.

In den 1950er-Jahren gehörte Zündapp zu den weltweit größten Herstellern von Motorrädern und Mopeds. Doch die Unternehmensführung musste beobachten, dass sich immer mehr Bundesbürger vom motorisierten Zweirad abwandten und stattdessen auf Autos umstiegen – schließlich boten selbst die einfachsten Vierräder Schutz vor Regen und Kälte. Deshalb reifte bei Zündapp der Entschluss, ein eigenes Automobil auf den Markt zu bringen.
Da ein komplett neues Projekt zu teuer gewesen wäre, suchten die Verantwortlichen nach einer bereits weitgehend entwickelten Lösung. Sie wurden 1955 beim Dornier Delta fündig, einem Entwurf von Claudius Dornier, bei dem die Passagiere Rücken an Rücken saßen. Anfang 1956 wurde ein Vertrag unterzeichnet, und die Zündapp-Version des Fahrzeugs nahm langsam konkrete Formen an.
Der Name »Janus« leitet sich vom gleichnamigen römischen Doppelkopfgott ab. Vorder- und Rückseite des Wagens verfügten über Klapptüren, und die Insassen saßen Rücken an Rücken. Das ungewöhnliche Konzept fand tatsächlich Käufer: Insgesamt wurden 6.902 Fahrzeuge verkauft. Im Fond bot der Janus eine Kopf- und Beinfreiheit, wie sie sonst Mittelklassemodellen vorbehalten war. Bei Bedarf ließen sich die Leh-

nen umklappen und so eine 1,8 Meter lange Liegefläche schaffen.

Angetrieben wurde der Janus von einem eigens für das Modell entwickelten Einzylindermotor mit 248 ccm, der 14 PS leistete und mittig im Fahrzeug montiert war. Dieser Motor war zwar leistungsfähig, aber auch laut – ein Merkmal, das die Insassen stets kritisierten. Die Werbung betonte die praktischen Vorteile: »Kleinere Wartungsarbeiten wie Kerzenwechsel oder Düsenreinigen lassen sich unter dem eigenen Dach ausführen.« Gebremst wurde der Janus über Hydraulik-Trommelbremsen an allen vier Rädern.

Die ersten Fahrzeuge wurden im Juni 1957 ausgeliefert. Bereits ein Jahr später wurde die Produktion jedoch wieder eingestellt, und das Nürnberger Werk an Bosch verkauft. Ein wesentlicher Grund war der Preis: Mit 3.290 Mark (plus 42 Mark für die Heizung) war der Janus nur geringfügig günstiger als der Volkswagen Käfer, der in der Standardversion 3.780 Mark kostete.

Die Karriere des Zündapp Janus währte nur kurz: Bereits nach einem Jahr wurde die Produktion wieder eingestellt.

Selbst der Einsatz weiblicher Reize – damals ein beliebtes Werbemittel – konnte dem Janus nicht zum Durchbruch verhelfen.

In der Werbung erschien der Janus auch als praktischer Begleiter für Freizeit und Sport.

BMW 600 ISETTA EXTRA GROSS

Mit dem BMW 600 präsentierte BMW eine vergrößerte Isetta, die den Kleinwagen auch für Familien attraktiver machen sollte.

In den 1950er-Jahren befanden sich die Bayerischen Motorenwerke in wirtschaftlich schwierigen Zeiten. Die Modellpalette reichte von den repräsentativen Achtzylindern, wegen ihrer rundlichen Form »Barockengel« genannt, bis zum kleinen Zweisitzer Isetta. Kurzzeitig drohte sogar eine Übernahme durch Mercedes, die jedoch dank der Kleinaktionäre und des Industriellen Herbert Quandt verhindert wurde.
In diesem Umfeld präsentierte BMW 1957 den BMW 600, eine auf Basis der Isetta entwickelte Viersitzer-Variante. Wie der italienische Zweisitzer hatte auch der 600 einen Fronteinstieg, während eine Tür auf der rechten Seite den Zugang zu den beiden Rücksitzen ermöglichte. Mit diesem Modell reagierte BMW auf die gestiegenen Ansprüche der Kundschaft, die nach einem »richtigen Auto« verlangte.
Im Heck des 600 arbeitete ein auf 19,5 PS gesteigerter Zweizylinder-Boxermotor (600 ccm), der den Kleinwagen auf bis zu 103 km/h beschleunigte. Die Rücksitzlehne konnte umgeklappt werden, um zusätzlichen Gepäckraum zu schaffen, und erstmals besaß ein Kleinwagen dieser Klasse ein asymmetrisches Abblendlicht.
Bereits 1956 entstanden in München Prototypen des Fahrzeugs, die ursprünglich den Namen »Dixi« tragen sollten. Das Serienmodell erhielt ein vollsynchronisiertes Vierganggetriebe mit Rückwärtsgang und konnte optional

Der BMW 600 eignete sich sogar als Zugfahrzeug für einen Wohnwagen.

Das Cockpit beschränkte sich auf die notwendigsten Instrumente.

Hinter der großen Frontklappe befanden sich zwei Sitzplätze.

Ob Kanu oder Wohnwagen – für den BMW 600 stellte selbst zusätzliches Gepäck kaum ein Problem dar.

Ursprünglich war vorgesehen, den BMW 600 unter dem traditionsreichen Namen »Dixi« auf den Markt zu bringen.

mit Faltschiebedach geordert werden. Fahrer und Passagiere saßen auf Sitzbänken, und die Platzverhältnisse im Fond wurden von Fachmagazinen wie »Auto Motor und Sport« positiv beurteilt. Hinter der Rücksitzbank bot der 600 eine Ablage von etwa 100 Litern.

Die Bauzeit des BMW 600 war kurz: Zwischen 1957 und 1959 entstanden insgesamt 34.813 Exemplare. Mit einem Preis von 3.985 Mark lag der kleine Viersitzer deutlich unter dem Volkswagen Käfer, der 5.050 Mark kostete.

Über eine seitliche Tür gelangten die Passagiere in den Innenraum.

VESPA 400
VOM ROLLER INS AUTO

Mit dem Modell 400 wagte sich der Rollerspezialist Vespa erstmals in das Automobilsegment.

Nach dem Zweiten Weltkrieg musste Piaggio, ursprünglich ein Rüstungs- und Flugzeughersteller, neue Geschäftsfelder erschließen. 1946 brachte das Unternehmen den kultigen Vespa-Roller auf den Markt, gefolgt vom dreirädrigen Kleintransporter Ape, der sich bis weit ins 21. Jahrhundert für italienische Unternehmen bewährte. Inspiriert vom Erfolg dreirädriger Fahrzeuge und den wachsenden Kleinwagenmärkten starteten die Ingenieure Mitte der 1950er-Jahre die Entwicklung eines eigenen Autos.

1955 begann die Arbeit am Vespa 400, und bereits 1956 entstanden erste Prototypen. Auf dem Pariser Automobilsalon 1957 wurde das Fahrzeug erstmals der Öffentlichkeit vorgestellt. Gleichzeitig begann Fiat mit der Produktion des Nuova 500, weshalb Piaggio den italienischen Markt weitgehend zugunsten von Frankreich und Belgien vernachlässigte. Produziert wurde der Vespa 400 im französischen Werk Fourchambault. Zwischen 1957 und 1961 entstanden rund 30.000 Exemplare, von denen nur wenige nach Italien gelangten. Die meisten Fahrzeuge fanden ihre Käufer in Frankreich; etwa 1.700 kamen in die USA.

Der Vespa 400 war eine Cabriolimousine mit Stoffdach, das sich nach hinten aufrollen ließ – ähnlich wie beim Citroën 2CV. Die Karosserie folgte der klassischen Pontonform der Zeit und war offiziell für vier Personen ausgelegt, doch der Fond bot nur Platz für Kinder. Unter dem Beifahrersitz befand sich das Reserverad, die 12-Volt-Starterbatterie war in einem Fach in der Front untergebracht.

Angetrieben wurde der Kleinwagen von einem luftgekühlten Zweitaktmotor mit 394 ccm und 14 PS, der über der Hinterachse montiert war. Die Kraft wurde über ein Dreiganggetriebe übertragen, bei dem der erste Gang nicht synchronisiert war. 1961 kam eine leistungsstärkere Version mit 20 PS und vier Gängen hinzu. Mit einer Länge von nur 2,8 Metern war der Vespa 400 kompakt, preislich mit 3.090 Mark (Herbst 1959) attraktiv und günstiger als Fiat 500 oder Goggomobil.

Trotz des niedrigen Preises blieb der wirtschaftliche Erfolg aus. 1961 endete die Produktion, und Piaggio konzentrierte sich wieder auf Roller und Kleintransporter.

Zwischen 1957 und 1961 entstanden rund 30.000 Exemplare der 400.

Für den Antrieb sorgte ein luftgekühlter Zweitaktmotor mit 14 PS.

Mit einem Preis von 3090 Mark war der Vespa 400 günstiger als ein Fiat 500.

SCOOTACAR
KLEINER UNTER DEN KLEINSTEN

Der Scootacar, damals einer der kleinsten britischen Kleinwagen, besaß – anders als die BMW Isetta – eine seitliche Tür.

In den 1950er-Jahren gehörten sogenannte Kabinenroller fest zum Straßenbild. Den Anfang machte Italien mit der Isetta, die schnell viele Kunden fand und später von BMW in Lizenz gebaut wurde. In Großbritannien beobachteten die Verantwortlichen von Scootacars Ltd., einer Tochterfirma der Hunslet-Lokomotivenfabrik in Leeds, diese Entwicklungen genau. 1959 brachte das Unternehmen schließlich seine eigene Version auf den Markt – den Scootacar, einen der kleinsten britischen Kleinwagen. Mit einer Länge von nur 2,13 Metern war er selbst unter den Mini-Fahrzeugen winzig.
Im Gegensatz zur Isetta verfügte der Scootacar über eine Tür auf der linken Seite, hinter der zwei Personen Platz fanden. Der Aufbau ruhte auf einem Plattformrahmen, während ein Einzylinder-Zweitaktmotor von Villiers mit 197 ccm das einzelne Hinterrad antrieb. Der Motor leistete 8,6 SAE-PS, was den winzigen Wagen auf 85 km/h beschleunigte. Die Kraft wurde über ein Vierganggetriebe auf das Hinterrad übertragen. Später ergänzte Scootacar eine Version mit Zweizylindermotor, die den Straßenflitzer auf bis zu 100 km/h brachte – ein Geschwindigkeitsrausch, den wohl nur Mutige wagen wollten.
1960 erhielt der Scootacar ein leicht überarbeitetes Design, und das Modell blieb bis 1964 auf dem Markt.

Der 2,18 Metern lange Scootacar war eines der kompaktesten Autos seiner Zeit.

Der Scootacar wurde bis 1964 produziert.

Auch die Sitzanordnung des Scootacar war ausgesprochen ungewöhnlich.

Als Höchstgeschwindigkeit waren
bis zu 100 km/h möglich.

Auch in Deutschland fand der Scootacar seine – wenngleich nicht sehr zahlreichen – Käufer.

Zwergenparade: Kleinstwagen gehörten in den 1950er-Jahren zu den beliebten Fortbewegungsmitteln.

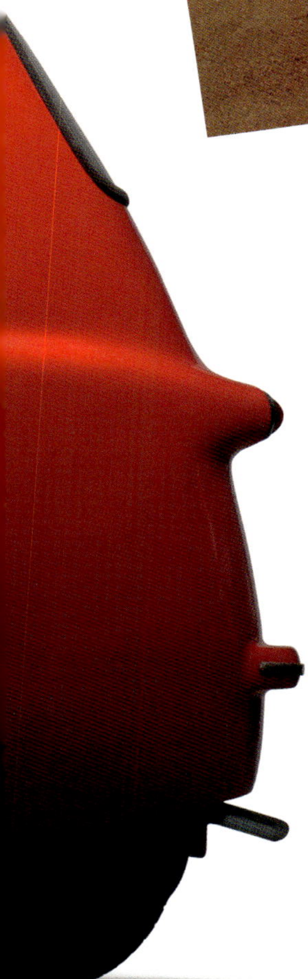

Einige Scootacar haben in musealen Sammlungen überlebt.

AUSTIN GIPSY
LANDFAHRER IM ABSEITS

Mit dem Gipsy trat Austin in Konkurrenz zum bewährten Land Rover und orientierte sich dabei auch an dessen Gestaltung.

In den ersten Nachkriegsjahren produzierte Austin den Champ als Einsatzfahrzeug für die britische Armee und zivile Kunden. Allerdings erwies sich das Fahrzeug als Alptraum für seine Besitzer. Wegen der aufwendigen Technik, des hohen Preises und der entsprechend hohen Wartungskosten war es kein Erfolg. Austin startete daher die Entwicklung eines Nachfolgers und orientierte sich dabei am Land Rover. 1958 kam der Gipsy auf den Markt, der stilistisch stark an den bewährten Geländewagen angelehnt war. Im Unterschied zum Land Rover besaß er eine Karosserie aus Stahlblech und ein aufwendigeres Fahrwerk. Die sogenannte Flexitor-Federung mit Gummifedern ermöglichte schnelle Fahrten auch in anspruchsvollem Gelände. Später wurde die ursprüngliche Einzelradaufhängung durch Starrachsen mit Blattfedern ersetzt. Den Antrieb übernahm ein 2,2-Liter-Vierzylinder mit 62 PS, der bereits im Austin A 70 erprobt war. Später kam ein Dieseltriebwerk mit 55 PS hinzu. Durch die niedrige Verdichtung war der Gipsy auch für Regionen mit Benzin niedriger Oktanzahl, wie in ehemaligen Kolonien, geeignet.

Der Gipsy wurde international gefertigt, unter anderem in Australien, Neuseeland und Kolumbien. Es standen zwei Längen zur Wahl: 3,5 und 4 Meter. Die Produktion endete nach 21.208 Exemplaren, da Austin im Rahmen der Neuausrichtung der britischen Automobilindustrie in die British Leyland Motor Corporation eingegliedert wurde, wodurch die einstigen Konkurrenten unter einem Dach zusammenkamen.

Der Gipsy überzeugte vor allem durch gute Geländeeigenschaften.

Neben der Personenwagenversion wurde auch eine Transportervariante angeboten.

Insgesamt entstanden 21.208 Exemplare des Austin Gipsy.

GRACIELA WARTBURG AUS ARGENTINIEN

In Argentinien wurde der Wartburg als Graciela angeboten. Allerdings hatte das Modell einen Heckantrieb.

Der argentinische Präsident Juan Perón startete 1951 den Versuch, eine eigenständige Automobilindustrie im Land aufzubauen. Nach seinem Sturz 1955 endete dieser erste Versuch zunächst. Ein Jahr später entstand die Marke Graciela, ein Ausflug des DDR-Herstellers Wartburg nach Südamerika. Wartburg exportierte damals seine Zweitakter-Modelle sogar in die USA, dort endete der Absatz allerdings 1961 abrupt mit dem Bau der Berliner Mauer.
Ende der 1950er Jahre kam in Argentinien der Graciela auf den Markt. Er nutzte den Dreizylinder-Zweitaktmotor von Wartburg, der in der argentinischen Variante Heckantrieb besaß. Das manuelle Viergganggetriebe stammte ebenfalls aus der DDR. Das Design der zweitürigen Limousine orientierte sich an amerikanischen Vorbildern. Vorn arbeitete eine Einzelradaufhängung, hinten eine Starrachse. Die 37 SAE-PS beschleunigten das Fahrzeug auf maximal 115 km/h.
Die Produktion endete 1961. Als Nachfolger präsentierte Graciela 1962 den Wartburg 311, der bereits 1956 in der DDR auf den Markt gekommen war. Die 4,3 Meter lange Limousine nutzte weiterhin den bewährten Zweitaktmotor. Offenbar war das Modell bei den argentinischen Kunden wenig beliebt, sodass die Produktion 1964 nach nur 646 Fahrzeugen eingestellt wurde.

Im Jahr 1964 endete der Ausflug von Wartburg nach Südamerika.

Unter der Haube der argentinischen Wartburg-Modelle werkelte ein Zweitakter.

CITROËN BIJOU

PLÖTZLICH EIN SCHWAN

Weil sich der 2CV nicht verkaufte, brachte Citroën den Bijou auf den britischen Markt.

André Citroën hatte sich bereits 1926 nach Großbritannien gewagt und in Slough die Citroën Cars Ltd. gegründet. Dort wurde in den 1950er-Jahren auch der 2 CV gebaut, der auf dem britischen Markt jedoch nur wenig Anklang fand. Der 2 CV war ein typisch französisches Automobil, das sich international schwer vermarkten ließ. Eine Ausnahme war Deutschland, wo die »Ente« eine treue Kundschaft fand. 1959 wurde der 2 CV in Großbritannien aus dem Verkauf genommen, doch im gleichen Jahr begann die Entwicklung einer 2 CV-Ableitung, die den kleinen Citroën erfolgreicher machen sollte.

Das neue Modell erhielt den Namen Bijou, was auf Deutsch Schmuckstück bedeutet. Formal hatte der Wagen wenig mit dem rustikalen 2 CV gemein. Um die britischen Kunden zu überzeugen, erhielt der Bijou einen richtigen Kofferraum. Die Karosserie aus Kunststoff sollte Rostprobleme verhindern und war zunächst in fünf Lackierungen erhältlich. Produziert wurde

sie zunächst von James Watson and Co. in Yiewsley, später von einem anderen Lieferanten. Der Bijou war als Zweisitzer konzipiert, die hinteren Sitze reichten nur für Kinder. Das Design stammte von Peter Kirwan-Taylor, der zuvor den Lotus Elan entworfen hatte. Stilistisch orientierte sich der Wagen am großen Citroën DS und übernahm unter anderem das Einspeichenlenkrad, die inneren Türöffner und einige Kontrollleuchten. Citroën warb folgerichtig mit der Bezeichnung »Baby-DS«.
Die Sitze waren unbequem und plastikbezogen, die Fahrleistungen entsprachen denen des klassischen 2 CV. Dank besserer Aerodynamik sank der Verbrauch. Die Türgriffe aus rostfreiem Stahl und die Aluminium-Stoßstangen erhöhten jedoch bei Unfällen die Reparaturkosten.
Wirtschaftlich war der Bijou ein Misserfolg. Im Vergleich zu Mitbewerbern wie Ford Popular, Austin Minor 1000, Mini und Triumph Herald war er zu teuer. Trotz einer Preissenkung 1962 blieb der Wagen unrentabel, und 1964 wurde die Produktion nach nur 213 Exemplaren eingestellt.

Das Heck erinnerte an dasjenige der größeren DS.

Die Karosserie des Bijou bestand aus Kunststoff.

MAZDA R360 COUPÉ

LEICHTGEWICHT AUS JAPAN

Mit dem R360 begann Mazda seine Automobilproduktion – das kleine Coupé war auf Anhieb ein Erfolg.

1960 wagte Mazda den Schritt in die Automobilproduktion und startete gleich erfolgreich. Mit 380 Kilogramm war der R360 das leichteste in Japan produzierte Fahrzeug und legte die Basis für Mazdas Philosophie, eigene Wege bei der Entwicklung zu gehen. Bis dahin hatte sich das Unternehmen, wie viele japanische Hersteller, auf Lastendreiräder und Pickups konzentriert. Das Coupé wurde als »familientauglich« beworben, wobei der Fond nur für Kinder geeignet war.
Das Fahrzeug wurde bewusst als Leichtgewicht konstruiert, unter anderem mit Aluminium und Magnesiumzusätzen. Der Zweizylinder-V-Motor hatte 356 ccm Hubraum und war ein Viertakter – eine Premiere in dieser Klasse. Aluminium kam bei den Zylinderköpfen zum Einsatz, Magnesium wurde für Ölwanne und Getriebeabdeckung verwendet, wodurch zwei Drittel des üblichen Gewichts eingespart wurden. Auch Motorhaube, Kofferraumklappe, Armaturentafel und Sitzrahmen bestanden aus Leichtmetall.
Überall wurde Gewicht gespart: Die Heckscheibe war aus Acrylglas, das Fahrwerk als rahmenlose Monocoque-Konstruktion ausgelegt. Der Motor leistete 16 PS, doch das geringe Gewicht ermöglichte eine Höchstgeschwindigkeit von 90 km/h bei einem Verbrauch von nur 3,1 Litern Normalbenzin auf 100 Kilometer. Auf Wunsch war ein Zweistufenautomatikgetriebe erhältlich.

Neben dem geringen Gewicht überzeugte der R360 auch mit einem Preis von umgerechnet 3000 Dollar und war damit das preiswerteste Modell auf dem japanischen Markt. Die Kunden reagierten sofort: Am Tag der Vorstellung am 23. Mai 1960 registrierte Mazda 4500 Kaufverträge für das Coupé.

Der 16-PS-Motor ermöglichte 90 km/h Höchstgeschwindigkeit.

Neben dem Coupé war auch eine Cabriolet-Version erhältlich.

Der kompakte R360 war vor allem für die japanische Kleinfamilie konzipiert.

FAIRTHORPE TRIPPER

OFFENES VERGNÜGEN

Der Fairthorpe Tripper war eine Art Buggy mit Platz für vier – ein Dach gab es nicht, sodass wetterfeste Insassen gefragt waren.

Fairthorpe Limited begann 1954 mit der Produktion von Automobilen. Gründer war Donald Tyndal Bennett, der im Zweiten Weltkrieg Bomberkommandant und bis zum Vizeluftmarschall der Airforce aufgestiegen war. Nach Kriegsende gründete er außerdem eine Fluglinie. Die von Fairthorpe gefertigten Modelle zeichneten sich durch individuelles Design aus und wurden nur in begrenzten Auflagen gebaut.

Im Herbst 1970 stellte Fairthorpe auf der London Motorshow den Tripper vor. Der Name war Programm, denn der Wagen war für den Trip, also die Reise, konzipiert. Der Viersitzer war wetteroffen, denn ihm fehlten Dach und Türen. Mit dem Tripper reagierte Fairthorpe auf die Buggy-Welle, die aus Kalifornien nach Europa geschwappt war.

Angetrieben wurde der Tripper vom bewährten Morris-Minor-Motor mit einem 1,3-Liter-Vierzylinder und 62 PS – ausreichend für ein Freizeitmobil. Für mehr Leistung standen Versionen mit 82 oder 98 PS zur Verfügung. Die Karosserie mit stark geneigter Windschutzscheibe und halbversenkten Scheinwerfern saß auf einem Kastenrahmen. Vorn waren Trapez-Dreiecklenker, hinten Dreieckquerlenker montiert. Optional war eine Servo-Bremsanlage erhältlich.

Im Modelljahr 1973 erhielt der Tripper den 2,5-Liter-Sechszylinder von Triumph mit 125 PS. Gegen Ende der 1970er Jahre nahm das Interesse an den Fahrzeugen ab, sodass Fairthorpe nur noch auf Bestellung fertigte. 1978 verließ der letzte Tripper die Fabrik in Chalfont St. Peter in Buckinghamshire.

Angetrieben wurde der Tripper von einem 62-PS-Motor aus dem Morris Minor.

1973 erhielt der Tripper einen Sechszylinder von Triumph mit 125 PS.

Das Cockpit beschränkte sich auf die notwendigsten Instrumente.

Die Werbung versprach einen Sportwagen in völlig neuem Format.

AMPHICAR AUF DEM LAND UND WASSER ZUHAUSE

Der Amphicar wurde als Freizeitfahrzeug für die US-amerikanische Kundschaft entwickelt.

Für Hans Trippel war das Automobil kein Fahrzeug, das ausschließlich für befestigte Straßen gedacht war. Er war von der Idee fasziniert, Automobile zu konstruieren, die im Wasser ebenso zu Hause waren wie an Land. Um dieses Ziel zu erreichen, ging er auch politisch problematische Wege und ließ sich von Adolf Hitler unterstützen, was ihm nach dem Zweiten Weltkrieg eine Haftstrafe durch die Franzosen einbrachte. Während seine Entwicklungen vor und während des Krieges ausschließlich militärischen Zwecken dienten, begann Trippel Anfang der 1960er Jahre mit der Konstruktion ziviler Schwimmwagen.
Der Amphicar 770 ging 1961 in Serie und war vor allem für den amerikanischen Markt vorgesehen, wo er auf der New Yorker Auto Show präsentiert wurde. Die Begeisterung der US-Kunden hielt sich jedoch in Grenzen, denn nur wenige wollten tatsächlich mit ihrem Auto in einen See fahren. Das hochbeinige Amphicar war 4,33 Meter lang und 1,56 Meter breit. Die Typbezeichnung 770 stand für sieben Knoten Höchstgeschwindigkeit im Wasser und 70 Mei-

Ein robustes Verdeck schützte die Insassen vor Regen und Spritzwasser.

Der Hersteller verlangte für den Amphicar mindestens 10.500 Mark.

Der Heckantrieb erschwerte den Übergang von Wasser zu Land.

Im Wasser erreichte der Amphicar eine Höchstgeschwindigkeit von rund sieben Knoten.

len pro Stunde, also rund 110 km/h, an Land. Angetrieben wurde der Schwimmwagen von einem 1,2-Liter-Motor mit 38 PS aus dem Triumph Herald, der im Heck saß. Über ein spezielles Getriebe konnten für die Wasserfahrt zwei Propeller zugeschaltet werden.
An Land arbeitete ein Vierganggetriebe, im Wasser wurde dieses abgeschaltet und per Hebel der Antrieb der Propeller aktiviert. Der Heckantrieb erwies sich in der Praxis als problematisch, wenn der Amphicar an steilen Ufern wieder aus dem Wasser fahren sollte, da es dabei häufig an Traktion mangelte.
Die selbsttragende Stahlkarosserie verfügte über eine wannenförmige Unterkonstruktion. Eine Lenzpumpe im Heck verhinderte das Volllaufen, und die Türen waren so abgedichtet, dass kein Wasser eindringen konnte. Für den Betrieb auf dem Wasser war allerdings ein Sportbootführerschein erforderlich. Seetüchtig war der Amphicar durchaus und überstand auch stärkere Winde problemlos. Produziert wurde das Fahrzeug von der Quandt-Gruppe in Berlin und Lübeck.
Getrübt wurde der Fahrspaß durch den hohen Wartungsaufwand nach jeder Wasserfahrt. Nach etwa fünf Stunden Betrieb waren umfangreiche Arbeiten nötig, bei denen das Fahrzeug aufgebockt und die Rückbank ausgebaut werden musste. Damit war der Amphicar kaum alltagstauglich. Mit einem Preis von 10.500 bis 11.200 Mark blieb er zudem ein teures Vergnügen. Nach nur 3878 gebauten Exemplaren endete die Produktion. Heute zählt der Amphicar zu den gesuchten Oldtimern.
Geblieben ist vor allem die verblüffte Reaktion von Beobachtern, wenn ein Auto scheinbar ganz selbstverständlich ins Wasser rollt. Diese Überraschung sollte auch Reinhard Mey erleben, als er für die Fernsehsendung »Verstehen Sie Spaß« zu einer Fahrt mit einem Amphicar abgeholt wurde – wobei der Überraschungseffekt am Ende ausblieb, da Mey das ungewöhnliche Fahrzeug bereits kannte.

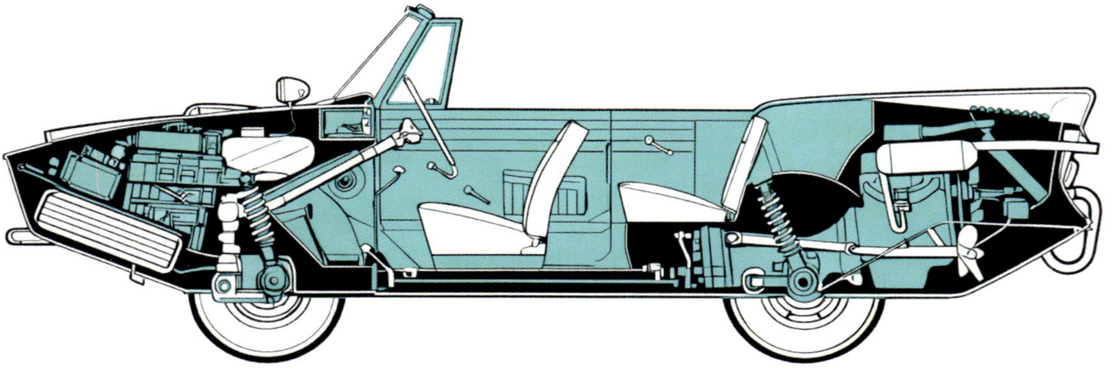

Für die Wassertauglichkeit war eine aufwendige Konstruktion erforderlich.

Bei schönem Wetter fühlte sich der Amphicar auf dem Wasser besonders wohl.

Sommer, Sonne, Wannsee – ideal für eine Fahrt im Amphicar.

Ein Amphicar kommt selten allein…

PEEL P50
KLEINER GEHT'S NICHT

Mit dem Peel P50 konnte man sich auf eine Tasse Tee treffen, ohne das Fahrzeug zu verlassen.

Minimalistischer als der Peel P50 kam noch kein Automobil auf den Markt. Das laut Guinness Book of Records kleinste Serienauto der Welt wurde auf der Isle of Man in der Irischen See von der Peel Engineering Company entwickelt und bot laut Werbung ausreichend Platz für »einen Erwachsenen und eine Einkauftasche«. Das Unternehmen hatte sich zuvor im Bootsbau und mit Motorradverkleidungen einen Namen gemacht und dabei wertvolle Erfahrungen mit glasfaserverstärktem Kunststoff gesammelt.

Der Peel P50 kam 1961 in den Verkauf und war mit einer Länge von nur 134 Zentimetern und einer Breite von 99 Zentimetern konsequent für den urbanen Einsatz gedacht. Angetrieben wurde das Dreirad von einem 49 ccm großen Zweitaktmotor aus dem DKW-Teileregal. Die Kraftübertragung erfolgte über ein Dreigang-getriebe, auf einen Rückwärtsgang verzichteten die Entwickler. Mit einem Gewicht von lediglich 59 Kilogramm war der P50 so leicht, dass er bei Bedarf mithilfe eines Griffs am Heck einfach umgesetzt oder gedreht werden konnte. Als Höchstgeschwindigkeit versprach der Hersteller bis zu 70 km/h.

Der winzige Peel ließ sich bei Bedarf sogar mit einer Hand in die Wohnung tragen.

Mit dem Kleinen zum Shopping – eine neue Art des praktischen Einkaufswagens

Der P50 erreichte eine Höchstgeschwindigkeit von immerhin 70 km/h.

Die Serienausstattung fiel äußerst spartanisch aus und beschränkte sich im Wesentlichen auf einen einzelnen Scheibenwischer und einen Scheinwerfer. Zur Wahl standen drei Lackierungen: Daytona White, Dragon Red und Dark Blue. Der erste Prototyp des Winzlings war bereits 1955 unter dem Namen Peel Manxcar entstanden.
Der Verkaufspreis lag ursprünglich bei 199 Pfund, was damals rund 2000 Mark entsprach. Heute zählt der Peel P50 zu den besonders begehrten Sammlerstücken. Im Jahr 2016 wurde ein Exemplar bei Sotheby's für 176.000 Pfund, umgerechnet rund 190.000 Euro, versteigert. Insgesamt entstanden bis zum Produktionsende 1963 etwa 120 Fahrzeuge.
Populär wurde der Winzling auch durch einen spektakulären Auftritt in der britischen Fernsehsendung »Top Gear«, als Jeremy Clarkson mit dem Peel P50 quer durch London ins BBC-Sendezentrum fuhr, das Großraumbüro durchquerte und mit dem Auto an einer Redaktionskonferenz teilnahm.

Wenn der Sprit ausging, konnte der Peel einfach
auf den Haken genommen werden.

Mit einer Länge von
134 Zentimetern bot
der Peel Platz für
eine Person.

MORGAN PLUS 4 PLUS

DER FEHLTRITT

Anfang der 1960er Jahre befand sich Morgan in einer kritischen Situation. In den USA war der Absatz dramatisch eingebrochen, da modernere Sportwagen von Triumph, MG und Sunbeam deutlich erfolgreicher waren. Der europäische Markt war für Morgan noch kaum erschlossen, sodass man sich in Malvern Link gezwungen sah, über ein zeitgemäßeres Modell nachzudenken. Der Blick fiel dabei auf Lotus, wo Colin Chapman und sein Team Kunststoff als innovatives Karosseriematerial etabliert hatten. Auch Peter Morgan spielte nun mit dem Gedanken an einen Morgan aus Kunststoff, ein Ansatz, der damals von mehreren Herstellern verfolgt wurde. Bei MG erklärte Firmenchef John Thornley sogar, der MGB werde das letzte Modell der Marke aus Stahlblech sein.

Peter Morgan wollte jedoch keine eigene Kunststofffertigung in Malvern Link aufbauen

Nur der Kühlergrill erinnerte noch an den klassischen Plus 4 – ein dezenter Gruß an die Tradition. Ansonsten war alles neu an dem ersten und letzten Morgan-Coupé.

und wandte sich deshalb an EB Ltd., ein Unternehmen, das bereits Kunststoffkarosserien für den Ford Popular herstellte. EB Ltd. erhielt den Auftrag, die Außenhaut für den Plus 4 Plus zu fertigen, die auf das Fahrwerk des Plus 4 montiert werden sollte. Tatsächlich waren nur geringfügige Anpassungen notwendig, unter anderem zwei zusätzliche Träger am Motor. Auch das Design stammte von EB Ltd. Heraus kam eine eigenständige Coupéform, die den traditionellen Morgan-Kühlergrill aufgriff und sich damit formal in die Modellfamilie einfügte. Als Antrieb diente der aus dem Triumph TR4 bekannte Motor mit 111 PS, der zusammen mit dem Plus-4-Fahrwerk geliefert wurde.
Eine ausgedehnte Testfahrt durch Frankreich und Spanien, die Peter Morgan gemeinsam mit seiner Frau unternahm, verlief weitgehend problemlos. 1963 wurde das Coupé auf der London Motor Show präsentiert. Mit einem Preis von 1275 Pfund war der Plus 4 Plus zwar 459 Pfund teurer als der offene Plus 4, lag aber 347 Pfund unter dem Lotus Elan. Im Innenraum griff Morgan auf bekannte Elemente zurück, erstmals in der Firmengeschichte verfügte das Modell zudem über einen vollwertigen Kofferraum.

Die Fachpresse reagierte positiv. Das Magazin Autocar lobte den vergleichsweise großzügigen Innenraum und die »wirklich aufregende Leistung«. Bei Testfahrten seien auf kurzen Geraden im dritten Gang 120 bis 130 km/h möglich gewesen. Kritisiert wurde zwar die Geräuschentwicklung, doch gleichzeitig wurde hervorgehoben, dass es kein Quietschen oder Knarzen gab. Auch The Motor zeigte sich optimistisch: Autor Harold Hastings sagte dem Plus 4 Plus eine große Zukunft voraus und zeigte sich erfreut darüber, dass Leistung und Straßenlage besser denn je waren.
Trotz dieser Vorschusslorbeeren entwickelte sich der Plus 4 Plus zu einem wirtschaftlichen Fehlschlag. Die Kundschaft blieb aus und bevorzugte weiterhin die traditionellen, wenn auch technisch überholten Morgan-Modelle. Geplant waren ursprünglich 60 Exemplare, tatsächlich fanden jedoch nur 26 Fahrzeuge einen Käufer. Morgan kehrte daraufhin rasch zu seinen Wurzeln zurück – und damit auch wieder auf die Erfolgsspur.

Ein Coupé – und dann auch noch aus Kunststoff – war für die traditionell eingestellte Morgan-Kundschaft ein zu radikaler Schritt.

Kunststoff und Morgan – diese ungewöhnliche Kombination konnte sich nicht durchsetzen. Nur 26 Exemplare wurden gebaut.

Die Instrumentierung wurde unverändert aus dem Morgan Plus 4 übernommen

TORNADO TYPHOON
STÜRMISCHES DESIGN

Der Tornado Typhoon wurde zunächst als Bausatz angeboten – ein in Großbritannien damals sehr beliebtes Konzept.

Tornado Cars Limited wurde 1958 im englischen Rickmansworth gegründet und stellte zunächst vor allem Fahrzeugbausätze für ambitionierte Hobbymechaniker her, ein Segment, das in Großbritannien damals sehr beliebt war. Irgendwann wagten sich die Verantwortlichen jedoch an die Entwicklung kompletter Automobile. Eines der Ergebnisse dieser Ambitionen war der Typhoon. Während die technischen Fähigkeiten des Unternehmens durchaus solide waren, ließ das Gespür für eine harmonische Formensprache deutlich zu wünschen übrig. Der Typhoon wirkte wie ein hastig zusammengewürfeltes Design, bei dem

Die Fahrleistungen des Typhoon blieben jedoch deutlich hinter den Erwartungen zurück, die sein sportliches Design weckte.

Seine Gestaltung entsprach ganz dem Geschmack der damaligen Kundschaft.

die einzelnen Stilelemente nicht recht zueinanderfinden wollten.
Bei der Technik griff Tornado auf bewährte Komponenten aus dem Ford-Baukasten zurück. Zum Einsatz kamen Serienmotoren aus dem Ford Anglia und dem Ford Popular. Trotz seines optisch dynamischen Auftritts blieb der Typhoon fahrleistungsmäßig weit hinter den Erwartungen zurück. Die eher schwachen Antriebe beschleunigten den vermeintlichen Wirbelwind auf Höchstgeschwindigkeiten von etwa 110 beziehungsweise 150 km/h. Für die Käufer war das offenbar zweitrangig, denn sie konnten sich zumindest eines sicher sein: einen echten automobilen Exoten zu fahren.
Unbeabsichtigt gelang Tornado mit dem Typhoon dennoch ein bemerkenswerter Schritt. Bereits 1963 beendete Tornado Cars jedoch die Automobilproduktion wieder.

Auch das Heck griff Gestaltungselemente aus dem Motorsport auf.

Die technische Basis stammte weitgehend aus dem Baukasten von Ford.

Sein sportliches Design weckte vielleicht zu hohe Erwartungen – dennoch zeigte sich die Kundschaft mit dem Typhoon zufrieden.

CHRYSLER TURBINE CAR

CHRYSLER TURBINE CAR

Futuristische Inszenierung: Der Turbinen-Chrysler wurde in der Werbung gern mit Anspielungen auf die Luftfahrt präsentiert.

Anfang der 1950er Jahre glaubte ein Teil der internationalen Automobilindustrie an den Beginn eines neuen technischen Zeitalters. Weltweit experimentierten Hersteller mit Gasturbinen als Fahrzeugantrieb, und nicht wenige Zeitgenossen sahen darin den Aufbruch in ein automobiles Jet-Zeitalter. Rover in Großbritannien, Fiat in Italien, Renault in Frankreich und General Motors in den USA präsentierten entsprechende Prototypen, doch die meisten dieser Projekte verschwanden bald wieder von der Bildfläche.
In den USA hielt allein Chrysler unbeirrt an der Turbinentechnik fest. Bereits 1954 stellte das Unternehmen ein erstes Turbinenfahrzeug vor und ließ sich auch von den erheblichen technischen Herausforderungen nicht entmutigen. Anfang der 1960er Jahre galten die größten Probleme als gelöst, sodass Chrysler eine Kleinserie von Versuchsfahrzeugen auflegte. Insgesamt entstanden zwischen 50 und 75 Fahrzeuge, die ausgewählten Kunden für Testzwecke zur Verfügung gestellt wurden. Als Antrieb diente eine Gasturbine mit einer Leistung von 130 PS, die unter günstigen Bedingungen eine Beschleunigung von null auf 100 km/h in rund zwölf Sekunden ermöglichte. Die maximale Drehzahl der Turbine lag bei 45.700 Umdrehungen pro Minute. Die Kraftübertragung erfolgte über ein serienmäßiges Torque-Flite-Automatikgetriebe, bei dem auf einen klassischen Drehmomentwandler verzichtet werden konnte.

Chrysler hielt lange am Konzept des Turbinenantriebs fest.

Das Heck des Turbinen-Chrysler ließ den neuartigen Antrieb bereits erahnen.

Das Heck des Turbinen-Chrysler ließ den neuartigen Antrieb bereits erahnen.

Ein besonderer Vorteil des Turbinenantriebs war seine enorme Treibstoffflexibilität. Der Motor lief mit Diesel, bleifreiem Benzin, Kerosin und sogar mit Pflanzenöl. In Mexiko soll Präsident Adolfo López Mateos seine Turbine zeitweise sogar mit Tequila betrieben haben. Im Vergleich zu einem herkömmlichen Verbrennungsmotor reduzierte sich die Zahl der beweglichen Teile von rund 300 auf etwa 60. Auch bei den Abgaswerten war der Jet-Antrieb dem klassischen Ottomotor überlegen.
Die technische Entwicklung des Chrysler Turbine Car leitete Elwood Engel, der zuvor bereits für Ford gearbeitet hatte. Für das Design zeichnete Charles Mashigan verantwortlich. Die Karosserien wurden bei der italienischen Designschmiede Ghia gefertigt, während der Einbau der Antriebstechnik in Detroit erfolgte. Insgesamt entstanden auf diese Weise 50 Turbinenfahrzeuge.
Der Turbine Car war als zweitüriges Coupé mit vier Sitzen ausgelegt und wurde im Rahmen eines aufwendigen Testprogramms an 203 ausgewählte Fahrer übergeben. Rund 30.000 Interessenten hatten sich dafür beworben. Jeder Testfahrer durfte das Fahrzeug für einen Zeitraum von drei Monaten nutzen. 1966 endete das Programm nach insgesamt 1,8 Millionen Testkilometern. Die Ausfallquote lag bei lediglich vier Prozent. Kritisiert wurde allerdings der hohe Kraftstoffverbrauch von bis zu 30 Litern auf 100 Kilometer, während der vibrationsfreie Lauf der Turbine großes Lob erhielt – auch wenn ihr Geräusch von vielen Testern mit dem eines Staubsaugers verglichen wurde.
Der hohe Verbrauch war letztlich einer der Hauptgründe für das Ende des Jet-Traums auf der Straße. Von den insgesamt 55 gebauten Fahrzeugen, einschließlich fünf Prototypen, wurden 46 aufgrund hoher Einfuhrzölle verschrottet. Die übrigen Exemplare gelangten in Museen oder verblieben im Besitz von Chrysler. Das Unternehmen arbeitete zwar noch bis in die 1970er Jahre weiter an der Turbinentechnik, stellte das Programm jedoch endgültig 1977 ein, als Chrysler nur noch mithilfe staatlicher Bürgschaften vor dem wirtschaftlichen Zusammenbruch bewahrt werden konnte.

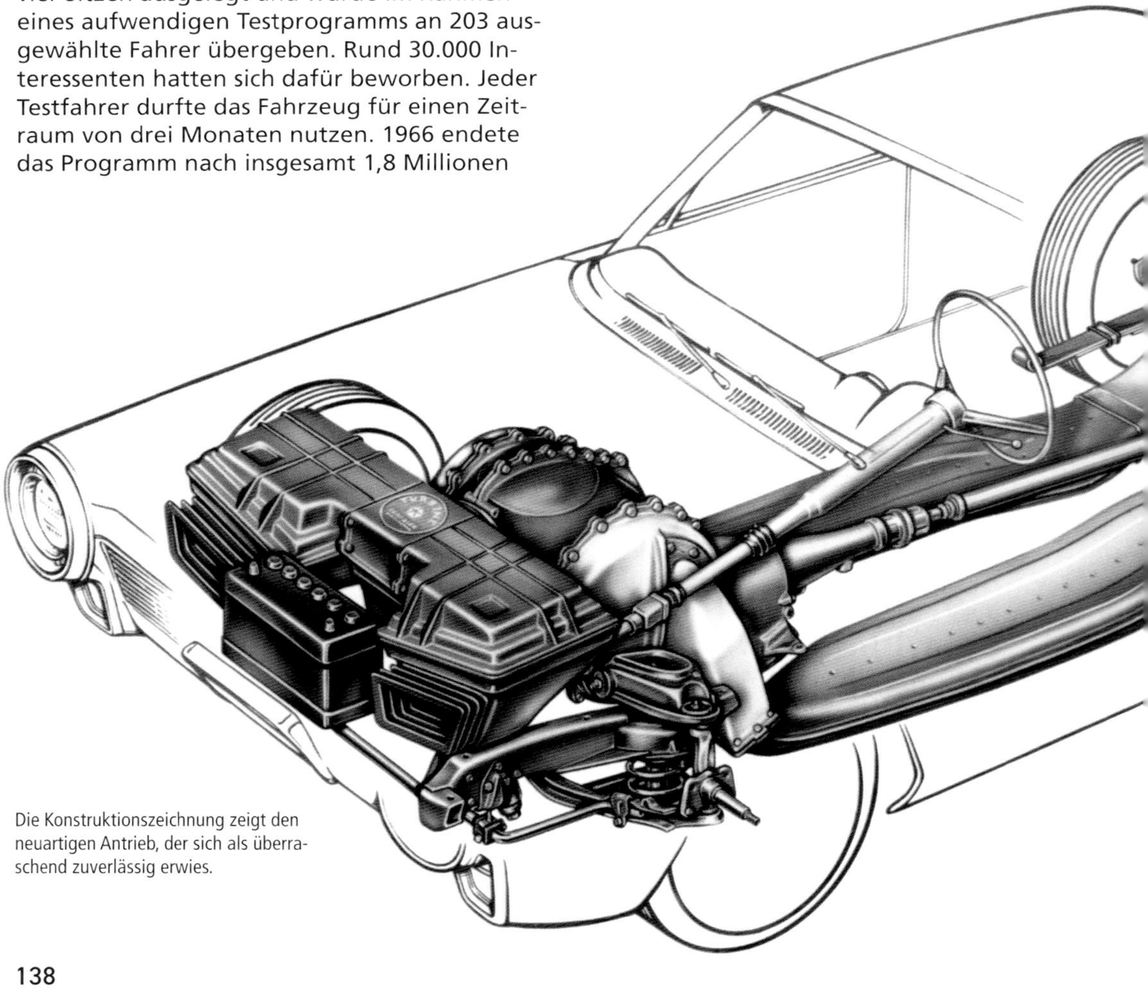

Die Konstruktionszeichnung zeigt den neuartigen Antrieb, der sich als überraschend zuverlässig erwies.

Der Chrysler Turbine übernahm das klassische Design der Marke.

Der hohe Verbrauch erwies sich als Achillesferse des Turbinen-Chrysler.

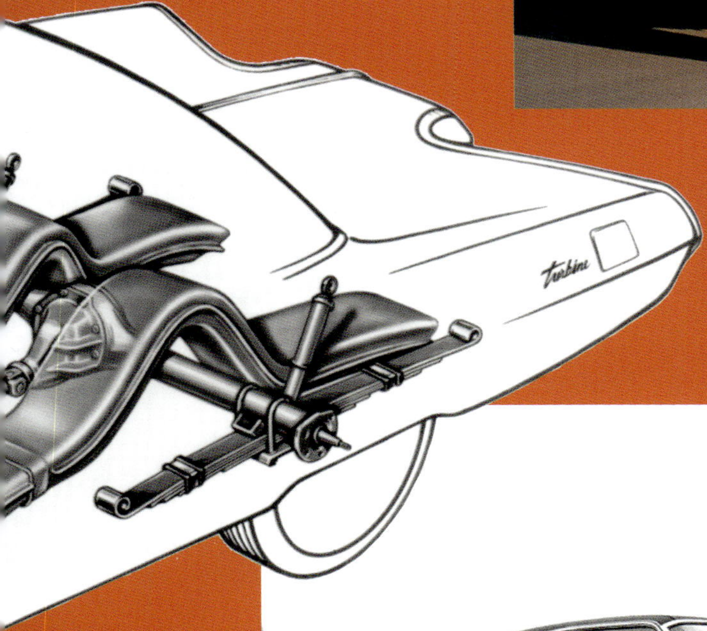

Auch in Frankreich wurden mit dem Turbinenfahrzeug umfangreiche Testkilometer zurückgelegt.

MINI MARCOS GT DER MINIRACER

Der Mini Marcos GT bewährte sich im Motorsport und ging auch bei internationalen Rennen an den Start.

Marcos entstand 1959, als Jeremy Marsh und Frank Costin in Luton ihr Unternehmen gründeten und die beiden ersten Silben ihrer Nachnamen zum Markennamen Marcos verbanden. Costin hatte zuvor beim Flugzeughersteller De Havilland gearbeitet und sich später der Automobilentwicklung zugewandt. Bis Anfang der 1970er-Jahre war das Unternehmen durchaus erfolgreich, musste dann jedoch aufgeben, weil der US-amerikanische Markt weggebrochen war. Verschiedene Versuche, die Marke später wiederzubeleben, blieben erfolglos. Zwischen 1965 und 1970 entstanden bei Marcos unter anderem Rennversionen des Mini Marcos GT in begrenzter Stückzahl. Danach wurde der Miniracer von anderen Unternehmen bis 1996 weitergebaut. Ein erstes Konzept für ein sportliches Coupé auf Basis des Mini entwickelte der Designer Dizzy Addicott und stellte es Jeremy Marsh vor, der das Modell aufgriff. Zunächst wurde der Wagen als Bausatz mit einer Karosserie aus glasfaserverstärktem Kunststoff angeboten. Bausatzfahrzeuge waren damals vor allem in Großbritannien bei talentierten Amateurmechanikern beliebt und fanden entsprechend guten Absatz.

Seine Karriere im Motorsport verdankte der Mini Marcos GT dem französischen Rennfahrer und Autohändler Jean-Louis Marnat, der sich in den Kopf gesetzt hatte, mit dem Mini Marcos beim 24-Stunden-Rennen von Le Mans zu starten. Bei Marsh stieß der Franzose zunächst auf wenig Gegenliebe. Doch letztlich gelang es Marnat, Marsh von seiner Idee zu überzeugen. Über diese Verbindung konnte Marsh zudem den Vertrieb seiner Modelle in Frankreich aufbauen.

Für das Rennen in Le Mans wurde ein Mini

Marcos GT mit dem damals neuen 1,3-Liter-Vierzylindermotor der British Motor Corporation (BMC) aufgebaut. Als Fahrer gewann Marnat Claude Ballot-Léna als Copiloten sowie Jean-Pierre Jabouille; René Trautmann stand als Ersatzfahrer bereit. Das Rennen beendete der kleine Brite als einziger britischer Rennwagen im Feld auf einem beachtlichen 15. Platz in der Gesamtwertung. Dieser unerwartete Erfolg markierte den Auftakt zu einer Rennkarriere, die den Mini Marcos GT unter anderem zum 1000-Kilometer-Rennen auf dem Nürburgring führte, wo der Bolide den 18. Platz belegte.

Der kleine Renner erwies sich auf der Rennstrecke als überraschend erfolgreich.

Auch beim 24-Stunden-Rennen von Le Mans trat der Mini Marcos GT an.

Beim 1000-Kilometer-Rennen auf dem Nürburgring belegte der Marcos GT am 28. Mai 1967 den 18. Platz.

EXCALIBUR
NOSTALGIE IN BLECH

Mit dem Excalibur begann in den USA die Epoche des Retro-Designs – und auch in der Werbung fehlten die damals üblichen weiblichen Reize nicht.

Brooks Stevens war ein vielseitiger Designer, der in nahezu allen Lebensbereichen seine Spuren hinterlassen hat. Der kreative Kopf entwarf Bügeleisen, Unternehmenslogos, Motorräder, Werbefahrzeuge und schließlich auch Automobile. Für Jeep zeichnete er 1963 den Wagoneer, der bis 1991 gebaut wurde, überarbeitete den Volkswagen 411 und optimierte das Design des Studebaker Gran Turismo Hawk. Für den traditionsreichen US-amerikanischen Hersteller entwickelte er außerdem den Excalibur SS, der jedoch aufgrund des Niedergangs der Marke Studebaker nicht mehr in Serie gehen konnte.

Stattdessen wurde der Excalibur in Kleinserie von SS Automobiles Inc. in Milwaukee gefertigt. Mit diesem Entwurf begründete Stevens in den USA eine neue automobile Gattung, die bald als Neoclassic bezeichnet wurde und zahlreiche Nachahmer fand. Offensichtlich gab es in den Vereinigten Staaten viele Zeitgenossen, die Mobilität in nostalgischer Form schätzten. Gestalterisch orientierten sich die Excalibur-Modelle an den legendären Mercedes-Benz-Fahrzeugen der 1920er- und 1930er-Jahre. Als Markenzeichen wählte Stevens das be-

rühmte Excalibur-Schwert aus der Artus-Sage. 1970 kam der Excalibur Serie II auf den Markt, der wahlweise als Roadster SSK/SS oder als Phaeton SS erhältlich war. Warum sich Stevens dabei an Mercedes-Benz orientierte und nicht an ebenso eindrucksvollen amerikanischen Vorbildern wie Duesenberg oder Auburn, bleibt sein Geheimnis.
Als Antrieb transplantierte das Unternehmen den 5,7-Liter-V8 aus der Chevrolet Corvette unter die lange Haube, der 304 SAE-PS leistete. Die Kraftübertragung erfolgte wahlweise über ein Viergang-Schaltgetriebe oder eine Dreigang-Automatik. Die Plattform stammte vom Studebaker Daytona, während für die Verzögerung vier Scheibenbremsen sorgten, die auf Wunsch mit Servounterstützung erhältlich waren. Als Zielgruppe definierte Stevens »den Mann, der glaubte, bereits alles zu besitzen«. Neben Mercedes-Benz diente auch Bugatti als Inspirationsquelle. Mitte der 1970er-Jahre arbeitete Excalibur mit der italienischen Designschmiede Michelotti zusammen. Das Ergebnis war der in geringer Stückzahl gefertigte 35 X Roadster, der dem Bugatti Typ 35 nachempfunden war und von einem 2,5-Liter-Reihensechszylinder aus dem Opel Commodore GS angetrieben wurde. Dieses Modell entstand in Italien.
Mit der Baureihe Series III kehrte Excalibur erneut zu Mercedes-Benz als Vorbild zurück. Pate standen die zwischen 1936 und 1938 gebauten Modelle 380 K und 500 K. Als Antrieb wählten die Entwickler nun den 7,4-Liter-V8 von Chevrolet, der vergleichsweise bescheidene 218 PS leistete. Bei diesem Modell steuerte der Volkswagen Käfer mehrere Komponenten bei: Die Blinker auf den vorderen Kotflügeln sowie die runden Rückleuchten des Käfer 1303 stammten aus Wolfsburg.
Mit der Series IV endete schließlich der Ausflug in die automobile Welt der 1930er-Jahre. Für das Finale stand der Mercedes-Benz 500/540 K Pate. Der Excalibur war nun ausschließlich als 2+2-Sitzer erhältlich, angetrieben von einem Fünfliter-V8 von Chevrolet mit 157 oder 167 PS. Zwischen 1965 und dem Produktionsende im Jahr 1990 entstanden angeblich rund 3.300 Exemplare des Excalibur.

Der 304 SAE-PS starke Antrieb für den Excalibur stammte aus der Chevrolet Corvette.

Neue Klassiker unter alten: Der Excalibur im Kreis historischer Automobile.

Bei wohlhabender Kundschaft entwickelte sich der Excalibur rasch zu einem begehrten Automobil.

ŠKODA TREKKA
NEUSEELÄNDISCHES ABENTEUER

Der Trekka auch in Australien: Das Skoda-Modell fand selbst »Down Under« zahlreiche Anhänger.

Böhmische Ingenieure genossen bereits vor dem Zweiten Weltkrieg einen hervorragenden Ruf. Namen wie Ferdinand Porsche oder Béla Barényi schrieben mit ihren Entwicklungen Automobilgeschichte. Diese Tradition konnte auch die Planwirtschaft in der damaligen Tschechoslowakei nicht beenden. Offenbar hatte sich dieser Ruf in den 1950er-Jahren bis nach Neuseeland herumgesprochen, wo die Regierung versuchte, eine eigenständige Automobilindustrie aufzubauen. Der Ruf aus Auckland wurde in Mladá Boleslav erhört, und ein Entwicklungsteam machte sich auf den Weg in den Pazifik. Nach zweieinhalb Jahren stand das Ergebnis bei den Händlern.

Damals war der Trekka das preiswerteste Fahrzeug Neuseelands und bei Freunden rustikaler Mobilität beliebt. Heute ist eine Ausfahrt mit dem urigen Gefährt harte Arbeit: Die störrische Lenkung lässt sich nur widerwillig auf Geradeauslauf festlegen, die Bremsen verzögern zögerlich, und den passenden Gang im hakeligen Vierganggetriebe zu finden, erfordert Übung. Die Ansprüche waren damals offensichtlich deutlich niedriger als heute. Insgesamt entstanden bis 1976 rund 2.500 Exemplare des Trekka am anderen Ende der Welt.

1965 machte sich der Konstrukteur Josef Velebný nach Neuseeland auf, wo er gemeinsam mit seinem Team ein Fahrzeug entwickelte, das vor allem von Landwirten, Handwerkern und Jägern genutzt werden sollte. Das Design

– erneut stand der Land Rover Pate – steuerte George Taylor bei. Der erste Trekka kam 1966 auf die Straße und gilt damit als das erste in Neuseeland entwickelte und produzierte Automobil. Im Januar 1968 rollte in Ōtāhuhu das tausendste Exemplar vom Band.
Als Antrieb diente ein 1,2-Liter-Vierzylinder-Benziner mit 47 PS, der eine Höchstgeschwindigkeit von rund 110 km/h ermöglichte. Im Gegensatz zum Land Rover verfügte der Trekka nicht über Allradantrieb, doch ein optionales Sperrdifferenzial verbesserte die Geländetauglichkeit des heckgetriebenen Fahrzeugs. Der Verbrauch von etwa elf Litern auf 100 Kilometer galt damals als vergleichsweise günstig. Die Technik stammte weitgehend aus dem Škoda Octavia der ersten Generation.

Der nur 3,55 Meter lange Trekka bot Platz für bis zu acht Personen. Wie beim Land Rover befanden sich im Heck zwei gegenüberliegende Sitzbänke für sechs Passagiere. Lieferbar war der Trekka mit festem Blechdach oder Faltdach, zudem stand ein abnehmbares Hardtop aus glasfaserverstärktem Kunststoff auf der Aufpreisliste.

Der Trekka bewährte sich sowohl im Arbeitsalltag als auch in der Freizeit.

Die Ähnlichkeit mit dem britischen Vorbild ist unverkennbar.

FERVES RANGER

EIN FERRARI FÜR BESONDERE AUFGABEN

Der Ferves kam als vielseitiges Fahrzeug für Freizeit und Arbeit auf den italienischen Markt.

Der Name des Unternehmens weckt besondere Erwartungen: Ferves steht für Ferrari Veicoli Speciali. Hinter der Marke stand jedoch nicht der berühmte Enzo Ferrari, sondern Carlo Ferrari, der weder mit dem Sportwagenkonstrukteur verwandt war noch sonstige Verbindungen nach Modena hatte. »Ferrari« ist in Italien ein durchaus verbreiteter Familienname, und auch die Fahrzeuge von Ferves waren von klassischen Ferrari-Sportwagen denkbar weit entfernt.

Carlo Ferrari hatte gemeinsam mit dem Ingenieur Enrico Sanguineti – so die damalige Werbung – ein »Fahrzeug für Freizeit und Arbeit« entwickelt. Ihre Schöpfung präsentierten die beiden 1966 auf dem Turiner Automobilsalon. Für ihr Modell verlangte Ferves 895.000 Lire, umgerechnet rund 5.700 D-Mark, und lag damit deutlich über dem Preis des Fiat Nuova 500, der damals für 525.000 Lire zu haben war. Mit dem kleinen Fiat teilte sich der Ferves seine im Heck montierte Antriebseinheit: 500 ccm Hubraum und 18 PS.

Für die Kraftübertragung kam ein neu entwickeltes Fünfganggetriebe zum Einsatz, bei dem die Einheit aus dem Fiat 500 um einen besonders kurz übersetzten Zusatzgang ergänzt wurde. Als Personenwagen war der Ferves mit vier Sitzplätzen ausgestattet und entsprach der typisch italienischen Fahrzeugkategorie der »Spiaggina« – extrem einfach gehaltene Autos für den Einsatz an und auf dem Strand. Für professionelle Einsätze wurde der Ferves auch als Pickup-Version mit zwei Sitzplätzen angeboten.

Bei beiden Varianten ließ sich die Windschutzscheibe nach vorn klappen. Als Schutz vor der Witterung diente ein einfacher Wetterschutz, zudem konnten die Türen mit wenigen Handgriffen demontiert werden. Die teilweise aus Aluminium gefertigte Karosserie saß auf einem einfachen Kastenrahmen. Bei Mechanik und Antrieb bedienten sich die Entwickler großzügig bei Fiat und Autobianchi: Neben dem Motor stammten auch die Scheinwerfer vom Fiat 500, die Antriebswellen vom Autobianchi Primula, Stoßdämpfer und Bremsen vom Fiat 600, während die Rückleuchten aus dem Fiat 850 übernommen wurden.

Zwei Jahre nach der Premiere kam der Ferves Ranger in einer Version mit zuschaltbarem Allradantrieb auf den Markt, der über einen Hebel neben der Schaltung aktiviert wurde. In dieser Ausführung kostete der kleine Ranger mehr als eine Million Lire. Insgesamt wurden rund 600 Ferves Ranger zugelassen, von denen noch zahlreiche Exemplare existieren. Im Jahr 2019 erzielte ein Ferves Ranger bei einer Oldtimerauktion einen Preis von rund 176.000 Euro.

Den Ferves gab es auch in einer Version für die Fahrt zum Strand.

Insgesamt entstanden rund 600 Exemplare des Ferves Ranger.

FIBERFAB
LIZENZ ZUM EIGENBAU

Die Fiberfab-Aufbauten verwandelten den biederen Käfer in ein sportliches Fahrzeug.

Der Volkswagen Käfer war in den USA weit mehr als nur ein Fortbewegungsmittel: Er diente zugleich als Technikspender für Zeitgenossen, die nach dem Motto »Selbst ist der Mann – oder die Frau« ihr eigenes Automobil bauen wollten. In Kalifornien entwickelte sich Fiberfab zum Marktführer dieser automobilen Spielart und setzte Karosserien auf Käfer-Fahrwerke, die mit dem biederen Wolfsburger Bestseller kaum noch etwas gemeinsam hatten. In Deutschland unterhielt das Unternehmen eine Niederlassung in Ditzingen, die diese Aufbauten ab Mitte der 1960er-Jahre an technisch versierte Bastler anbot.
Das aufregendste Design war das Coupé Bonito, dessen Formensprache stark an den Ford GT40 erinnerte. Schöpfer des Modells war Jörgfrieder Kühnle, der sich in den USA intensiv mit glasfaserverstärkten Kunststoffkarosserien beschäftigt und die Fiberfab-Rechte für Europa übernommen hatte. Die Karosserie des Bonito entstand in Handarbeit und wurde als Bausatz ausgeliefert. Zum Lieferumfang gehörten auch Bauteile, mit denen das Käfer-Fahrwerk an die neuen Belastungen angepasst werden konnte.
Neben der Technik aus Wolfsburg stammten weitere Komponenten vom Ford Taunus und vom Opel Rekord Coupé C. Nach dem Umbau brachte das schnittige Coupé rund 700 Kilogramm auf die Waage. Zwischen 1969 und 1980 wurden schätzungsweise 1.000 Bausätze verkauft. Die Fahrleistungen blieben jedoch hinter dem sportlichen Erscheinungsbild zurück und entsprachen nicht ganz der dynamischen Silhouette.
Neben dem Bonito brachte Fiberfab 1970 in den USA den Bausatz für den Avenger auf den Markt, bei dem ein 350 PS starker Chevrolet-V8 für den Vortrieb sorgte. Später ergänzte der

Die Kunststoffkarosserien der Fiberfab-Modelle folgten einer klar sportlichen Linie.

Avenger GT-15 das Programm, dessen Antrieb ein luftgekühlter Motor aus dem Chevrolet Corvair übernahm. Nachdem sich die klassischen britischen Sportwagen weitgehend vom amerikanischen Markt verabschiedet hatten, schob Fiberfab den Bausatz für den Jamaican nach. Dabei wurde ein Volkswagen-Rahmen für den Einbau des Corvair-Sechszylinders angepasst. Für besonders ambitionierte Kunden war das Modell auch mit V8-Antrieb erhältlich, wofür eigens ein spezielles Fahrwerk mitgeliefert wurde.
Zu den bekanntesten Produkten des Unternehmens zählten außerdem Bausätze für Dune-Buggys – eine Fahrzeuggattung, die vor allem in Kalifornien bei Surfern beliebt war. 1973 erkannten die Verantwortlichen den Trend zum Neoklassik-Design und entwickelten eine nostalgisch anmutende Sportwagenkarosserie. 1976 stellte Fiberfab mit dem MiGi zudem einen mehr oder weniger gelungenen Nachbau des ab 1950 produzierten MG TC vor, der ebenfalls auf einem Käfer-Fahrwerk basierte.

Die Bausätze wurden vollständig, jedoch ohne »Fallschirm«, zu den Kunden geliefert.

Für besonders ambitionierte Kunden waren die Bausätze auch mit V-8-Motoren erhältlich.

In der Werbung wurden die Fiberfab-Bausätze als unwiderstehlich präsentiert.

BIOTA SPORTLICHER MINI

Der Biota nutzte den Mini als Basisfahrzeug und brachte nur rund 400 Kilogramm auf die Waage.

Bei der Suche nach einem Namen für ihr Fahrzeug blickten die Verantwortlichen einer kleinen Manufaktur im britischen Yorkshire in das griechische Alphabet. Das Ergebnis lautete Biota: »Bi« stand für zwei, »iota«, der neunte Buchstabe des griechischen Alphabets, für klein. Tatsächlich war der Biota, wie viele Produkte britischer Kleinserienhersteller auf Mini-Basis, mit einem Leergewicht von rund 400 Kilogramm ein echtes Leichtgewicht.
Das von Houghton Coldwell gegründete Unternehmen produzierte den Biota zwischen 1969 und 1976 und machte sich vor allem bei Bergrennen einen Namen. Als Antrieb konnten Kunden sämtliche Mini-Motoren vom 850-ccm-Basistriebwerk bis hin zum 1275-ccm-Cooper-Motor ordern. Der Biota wurde entweder als komplettes Fahrzeug oder als Bausatz angeboten – eine in Großbritannien damals weit verbreitete Praxis.
Der zweisitzige Sportwagen, bei dem die Entwickler auf Türen verzichteten, übernahm zahlreiche Komponenten des Mini-Fahrwerks. Die Kunststoffkarosserie war geprägt von einem wuchtigen Heckspoiler sowie einer markanten Wölbung der Fronthaube, die notwendig war, um den Mini-Antrieb unterzubringen. Insgesamt entstanden während der Bauzeit lediglich 35 Exemplare des Biota.
1972 kam die Variante Mk2 auf den Markt, bei der im Heck eine De-Dion-Achse verbaut wurde. Zudem wurde der Innenraum aufgewertet und bot nun einen spürbar höheren Komfort. Entwickelt worden war der Biota vom Ingenieur John Houghton, der sich auch als Rennfahrer auf Motorrasenmähern einen Namen gemacht hatte. Der erste Prototyp war bereits 1968 fertiggestellt worden. Neben dem Biota fertigte das Unternehmen zudem Anbauteile für den Mini.
Im Jahr 1972 trug sich Biota in die Siegerliste des legendären Bergrennens von Prescott Hill ein. Chris Seaman gewann dort mit einer Leichtbauversion des Biota und demonstrierte eindrucksvoll das hervorragende Fahrverhalten des Zweisitzers. Dennoch reichte dieser Erfolg nicht aus, um Biota wirtschaftlich auf eine solide Basis zu stellen. Bereits 1974 endete aufgrund geringer Stückzahlen und hoher Produktionskosten die kurze Laufbahn der Marke.

MICHELOTTI FIAT 850 SPIAGETTA SPECIAL

STRANDFLITZER

Der Spiagetta Special wurde für Strandausflüge entwickelt – damals eine in Italien beliebte Fahrzeugkategorie.

Giovanni Michelotti zählte zu den bedeutendsten italienischen Automobildesignern des 20. Jahrhunderts. 1949 gründete er sein Studio in Turin und arbeitete in der Folge für zahlreiche Hersteller der europäischen Automobilindustrie. Unter anderem entwarf er die komplette Modellpalette des britischen Herstellers Triumph. Den Genfer Automobilsalon nutzte Michelotti regelmäßig, um seine Entwürfe einer internationalen Öffentlichkeit zu präsentieren.

Vor allem in Italien waren in jener Zeit sogenannte Strandwagen bei den Schönen und Reichen äußerst beliebt. Einer der wichtigsten Anbieter dieser Fahrzeuge war die Karosserieschmiede Ghia, mit der Michelotti eng zusammenarbeitete. Als sich Ghia 1967 aus diesem Marktsegment zurückzog, ergriff das Studio Stile Carrozzeria G. Michelotti zwei Jahre später selbst die Initiative und vollzog den Schritt vom reinen Designbüro zum Automobilproduzenten.

Das Ergebnis war der Fiat 850 Spiagetta Special, der auf dem Fiat 850 Super basierte. Im Zuge der Überarbeitung wuchs der Wagen bei Michelotti um rund 20 Zentimeter. Der 843 ccm große Vierzylindermotor war – wie beim Technikspender – im sich nach hinten verjüngenden Heck montiert. Je nach Ausführung leistete der Antrieb 37 oder 42 PS, was dem Strandflitzer eine Höchstgeschwindigkeit von 125 beziehungsweise 135 km/h ermöglichte.
Wie in dieser Fahrzeugklasse üblich, wurde der Spiagetta ohne Dach und Türen ausgeliefert. Stattdessen trug der Strandwagen einen markanten, groß dimensionierten Überrollbügel am Heck. Bis 1971 fertigte Michelotti den Spiagetta Special in einer kleinen Serie.

Der Tacho versprach höhere Werte, doch der Spiagetta erreichte maximal 135 km/h.

Auch auf der Straße machte das originelle Gefährt eine gute Figur.

MONTAGSAUTOS & SILBERNE ZITRONEN

Der Montag hatte in Zeiten, als der Mensch in der Automobilproduktion noch die entscheidende Rolle spielte, eine besondere Bedeutung. Erst die weitgehende Automatisierung der Fertigung führte zu deutlich zuverlässigeren Fahrzeugen. In den 1970er-Jahren jedoch verärgerten sogenannte »Montagsautos« mit teils gravierenden Qualitätsmängeln zahlreiche Kunden.
Der Importeur von Polski Fiat wollte es damals genau wissen und startete eine aufwendige Untersuchung, warum die polnischen Fahrzeuge immer wieder durch erhebliche Mängel auffielen. Das Ergebnis verblüffte die Verantwortlichen: Die meisten Problemfahrzeuge waren montags von Bandarbeitern gefertigt worden, die offenbar Schwierigkeiten hatten, ihren am Wochenende erworbenen Kater zu überwinden.

Der Polski Fiat 125p wurde zwischen 1967 und 1982 in Polen gefertigt und auch für den Export in westliche Märkte produziert.

Die polnischen Fiats waren erschwinglich, wiesen jedoch oft erhebliche technische Mängel auf.

Die Fahrzeuge aus dem Fiat-Werk in Polen überzeugten insbesondere durch ihren günstigen Preis.

Der Inbegriff des Montagsautos: Die preiswerten Modelle von Polski Fiat wiesen wiederholt Verarbeitungsmängel auf, da die Produktionsarbeiter am Montag häufig noch unter den Folgen des Wochenendes litten.

Auch in den USA suchten Motorjournalisten nach dem »schlechtesten Auto der Welt« und wurden bei einem Modell aus dem Balkan fündig. Der Yugo, so das vernichtende Urteil, besaß lediglich einen einzigen Vorteil: Musste er im Winter angeschoben werden – was häufig vorkam –, konnte man sich dabei wenigstens an der beheizbaren Heckscheibe die Hände wärmen.

In Jugoslawien wurden Fiat-Modelle als Yugo hergestellt, die jedoch alles andere als zuverlässig waren.

Der Yugo erhielt in den USA den zweifelhaften Titel »schlechtestes Auto der Welt«.

In Deutschland griff der ADAC das Thema »Montagsautos« auf und verlieh in den 1970er-Jahren die »Silberne Zitrone« für besonders missratene Fahrzeuge. Die Clubmitglieder waren aufgerufen, ihre Erfahrungen mit der Redaktion der ADAC Motorwelt zu teilen – und es gab reichlich Stoff. Besonders drastisch waren die Erlebnisse eines Besitzers eines Matra-Simca Bagheera. Das Coupé wies derart viele Mängel auf, dass der Eigentümer den Wagen schließlich stilllegte.

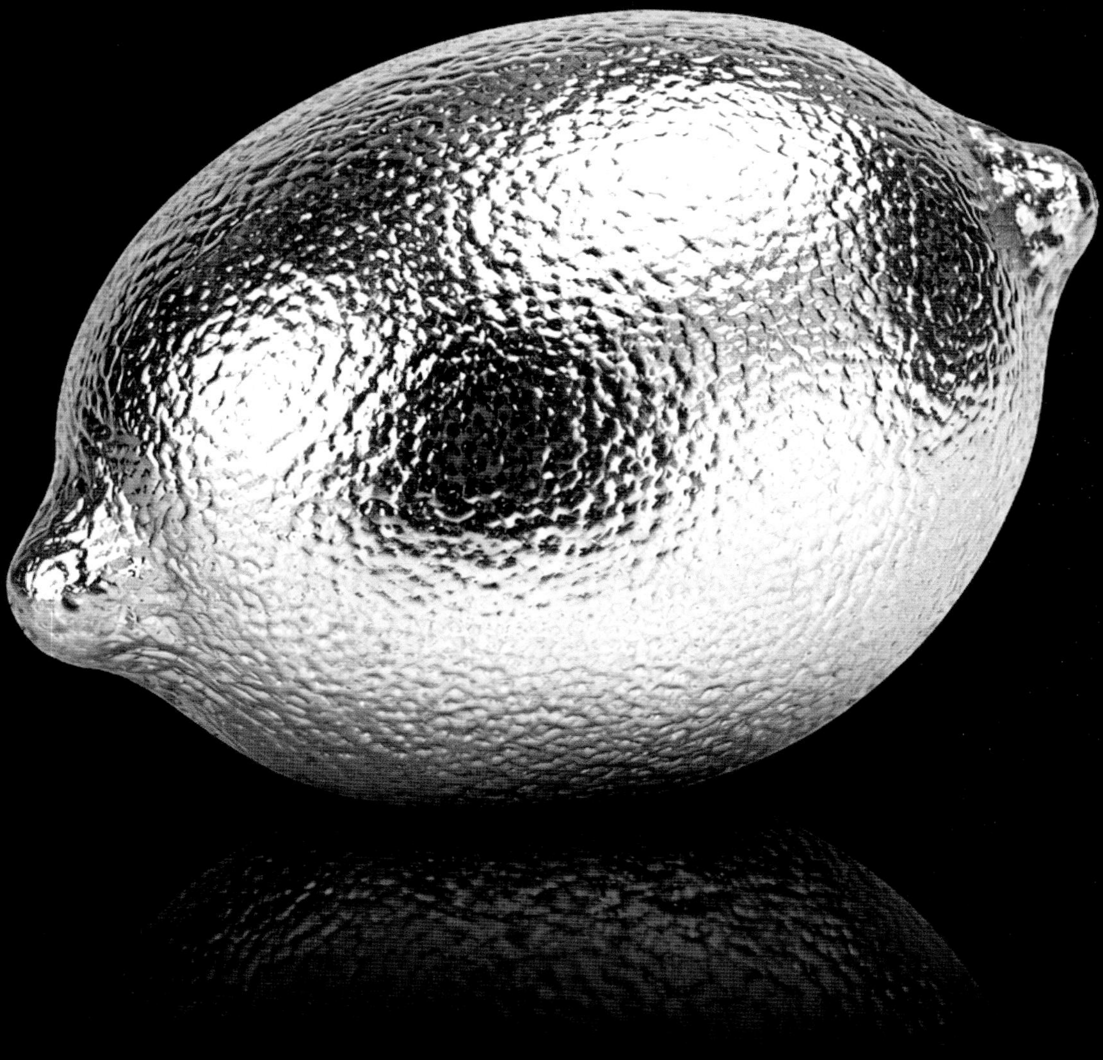

Die Mängelliste des mit der »Silbernen Zitrone« ausgezeichneten Matra Bagheera erstreckte sich über 1,55 Meter.

Die Mängelliste des »Zitronen-Bagheera« war rund 1,55 Meter lang und reichte vom abgefallenen Außenspiegel vier Tage nach der Zulassung über Kühlwasserverlust nach 1.500 Kilometern bis hin zu einem Austauschmotor nach einem halben Jahr. Zudem war der Dreisitzer undicht, sodass Regenwasser zum ständigen Begleiter wurde. Bei höherem Tempo stotterte der Motor, während die Lenkung flatterte. Allein im ersten halben Jahr verbrachte der Bagheera 90 Tage in der Werkstatt.

Das schnittige Design des Matra Bagheera stand in auffälligem Kontrast zur Verarbeitungsqualität.

Der Matra Bagheera wurde als Dreisitzer angeboten, wobei der mittlere Sitz vorn nur wenig Komfort bot.

Im Stand machte das französische Coupé eine elegante Figur und verdeckte die zahlreichen Mängel.

Unter der großzügig bemessenen Heckklappe befand sich ein geräumiges Gepäckabteil.

Der ADAC beschrieb den Matra Bagheera als »Neuwagen mit den schlimmsten Mängeln ab Werk«.

Auch die Anstrengungen der Werbestrategen konnten den schlechten Ruf des Coupés nicht mildern.

Der ADAC zeichnete das Coupé folgerichtig mit der »Silbernen Zitrone« als »Neuwagen mit den schlimmsten Mängeln ab Werk« aus. Matra-Simca weigerte sich jedoch, das Fahrzeug zurückzunehmen. Daraufhin stellte der Besitzer seinen »Gewinner der Silbernen Zitrone« mehrfach auf dem Berliner Kurfürstendamm zur Schau. Der Hersteller reagierte mit einer Klage und machte einen Imageschaden geltend. Angeblich wurde nach der Aktion kein Bagheera mehr in Berlin verkauft, bundesweit soll ein Schaden von rund zwei Millionen Mark entstanden sein.

Das Berliner Landgericht entschied jedoch zugunsten des Kunden und setzte damit einen neuen juristischen Maßstab. Die Richter urteilten, dass ein Endverbraucher berechtigt sei, seine negativen Erfahrungen mit einem Produkt öffentlich zu machen, und dass der Schutz des »eingerichteten und ausgeübten Gewerbebetriebs« keinen Vorrang vor dem Grundrecht der Meinungsfreiheit habe. Später einigten sich der Bagheera-Besitzer und Matra-Simca außergerichtlich.

Neben Matra-Simca »gewannen« auch Großserienhersteller die ungeliebte Auszeichnung. 1973 traf es den Ford Taunus. Nach der Auslieferung fanden Kunden unter der Rücksitzbank Zigarettenkippen, Zeitschriftenreste und Butterbrotpapier – ein Gruß vom Fließband. Hinzu kamen Klagen über Wassereinbrüche, Motoraussetzer und schlecht montierte Bauteile. Ford reagierte mit einem »60-Punkte-Programm« zur Qualitätsverbesserung und verdoppelte 1974 als erster deutscher Hersteller die Garantiezeit auf ein Jahr.

Beim sogenannten »Zitronen-Taunus« entdeckten Käufer unter anderem Zigarettenkippen und Butterbrotpapier unter der Rückbank.

Nach der unerfreulichen Auszeichnung reagierte Ford mit einem aufwendigen Programm zur Qualitätsverbesserung.

Die »Silberne Zitrone« wurde unter anderem auch an den Triumph Spitfire und den Rover 3500 vergeben, und auch der Volkswagen Passat stand kurz vor dieser »Auszeichnung«. Offensichtlich wollte sich der mächtige ADAC jedoch nicht mit den Wolfsburgern anlegen und verzichtete angeblich auf eine Veröffentlichung, nachdem Volkswagen Qualitätsverbesserungen zugesagt hatte.

Tatsächlich häuften sich unter ADAC-Mitgliedern damals die Klagen über Fahrzeuge aus Wolfsburg. So befand sich auf dem Reserverad eines Scirocco ein falscher Reifen, bei einem anderen ließen sich die Scheibenwischer nicht abschalten. In einem Käfer funktionierte die Tankanzeige nicht, weil ein Kabel fehlte. Ein Golf verweigerte seinem Besitzer den Zutritt, da falsche Schlösser montiert waren. Ein Käfer Cabriolet sorgte für Verwirrung, weil beim Blinken das Bremslicht aufleuchtete – beim Bremsen hingegen erlosch der Blinker und stattdessen ging das Standlicht an.

In einem Bericht der ADAC Motorwelt vom Juni 1975 war Volkswagen unter den 240 eingereichten Beschwerden ganze 95 Mal vertreten: elf Käfer, 20 Passat, 25 Golf und 39 Scirocco. »Alle waren im Sommer 1974 zugelassen worden. Es waren auch immer wieder die gleichen Punkte: Wasser im Innenraum, Ölverlust, Getriebe erneuert, Kupplung erneuert, Schaltung defekt, Vergaser arbeitet nicht richtig, Gaszug gerissen, Tachowelle defekt, Instrumente ausgefallen, klappernde Federbeine (Passat), abgebrochene Auspuffanlagen (Scirocco)«, schrieb die Redaktion damals.

Doch auch andere Hersteller blieben nicht verschont. Bei einem Sunbeam staunte der Besitzer, dass sein Wagen mit Wespen in einem Scheinwerfer ausgeliefert worden war. Opel-Kunden fanden bei einem Kadett Reste der Dachbespannung hinter den Türverkleidungen, wodurch Wasser nicht ablaufen konnte. Ein Mini überraschte seinen Besitzer mit blockierendem Lenkrad, bei einem Escort verabschiedeten sich zwei Tage nach dem Kauf drei Radschrauben. Bei einem BMW schließlich musste die Bremsanlage mehrfach erneuert werden – inklusive diverser Komponenten.

Der Triumph Spitfire gehörte ebenfalls zu den Modellen, die der ADAC mit der »Silbernen Zitrone« auszeichnete.

Der Rover 3500 litt unter der mangelhaften Produktionsqualität in den Werken von British Leyland.

Die große britische Limousine präsentierte sich mit ihrer markanten Heckklappe als Exot im Premiumsegment.

1969 - 2025

WAS SONST NOCH GESCHAH:

Am 21. Juli 1969 betritt Neil A. Armstrong als erster Mensch den Mond. Mit der Sesamstraße startet am 10. November 1969 die erste Fernsehsendung speziell für Kinder im Vorschulalter. Beatles-Fans in aller Welt betrauern am 10. April 1970 die endgültige Trennung der »Fab Four«. Beim Training zum Großen Preis von Italien verunglückt am 5. September 1970 Jochen Rindt tödlich und wird später posthum Formel-1-Weltmeister. Am 6. Mai 1971 beginnt in Ottobrunn bei München der Probebetrieb der ersten Magnetschwebebahn. In der Fußball-Bundesliga erschüttert am 24. Juli 1971 der Bundesliga-Bestechungsskandal die Fans. Am 17. Februar 1972 wird der Volkswagen Käfer zum meistgebauten Fahrzeug der Welt.

In München beginnen am 26. August 1972 die Olympischen Sommerspiele, die vom Terroranschlag auf die israelische Mannschaft überschattet werden. Sieben Jahre vor der Katastrophe von Tschernobyl entgeht das amerikanische Kernkraftwerk Three Mile Island am 28. März 1979 nur knapp einem GAU.

Die Compact Disc löst die Langspielplatte ab: Am 20. August 1982 wird der erste CD-Player vorgestellt. In Hamburg präsentiert das Magazin Stern am 25. April 1983 die vermeintlichen Hitler-Tagebücher, die sich als Fälschung entpuppen und zu einem publizistischen Desaster werden. Am 7. Juli 1985 gewinnt der 17-jährige Boris Becker sensationell das Tennisturnier von Wimbledon.

Ohne die Tragweite seiner Worte zu erfassen, öffnet SED-Funktionär Günter Schabowski am 9. November 1989 die Berliner Mauer. Am 1. Mai 1994 kommt Ayrton Senna, einer der größten Rennfahrer aller Zeiten, beim Großen Preis von San Marino in Imola ums Leben.

Der sogenannte Elchtest offenbart am 11. November 1997 eine gefährliche Schwäche der gerade eingeführten Mercedes-Benz A-Klasse. Am 1. Januar 1999 startet der Euro und ersetzt drei Jahre später die nationalen Währungen. Vom 1. Juni 2000 an trifft sich die Welt zur ersten Weltausstellung in Deutschland auf der Expo in Hannover.

Mit dem Toyota Prius kommt am 9. Februar 2001 das erste Serienfahrzeug mit Hybridantrieb auf den deutschen Markt. Am 11. September 2001 kapern islamistische Terroristen vier Passagierflugzeuge und steuern zwei davon in das World Trade Center in New York. Wenige Wochen später wird Michael Schumacher am 14. Oktober 2001 im japanischen Suzuka zum vierten Mal Formel-1-Weltmeister; drei weitere Titel folgen. Vom Rest der Welt zunächst weitgehend unbeachtet gründet Mark Zuckerberg im Jahr 2004 in den USA das soziale Netzwerk Facebook. Vier Jahre später revolutioniert Apple mit dem iPhone das Mobiltelefon und macht das Internet endgültig mobil. In Paris beschließen 2015 die versammelten Staaten ein Klimaabkommen, das die Erderwärmung auf 1,5 Grad begrenzen soll.

Ein Jahr später wird Donald Trump zum Präsidenten der Vereinigten Staaten gewählt und kündigt den Ausstieg aus dem Abkommen an. Am 21. Januar 2025 tritt Trump seine zweite Amtszeit an.

STUTZ
NOCH EIN NEOKLASSIKER

Der bekannte US-amerikanische Designer Virgil Exner war für alle vier Modellgenerationen von Stutz verantwortlich.

Stutz zählte in den 1920er- und 1930er-Jahren in den USA zu den renommiertesten Herstellern von Luxusautomobilen. Infolge der Weltwirtschaftskrise verschwand die Marke jedoch vom Markt, ehe sie um 1970 wiederbelebt wurde. Gemeinsam mit dem New Yorker Bankier James O'Donnell entwickelte der Designer Virgil Exner im Zuge der Neoklassik-Welle über einen Zeitraum von 16 Jahren vier Modellgenerationen unter dem traditionsreichen Namen. Vor allem in den USA und im Nahen Osten fanden die Fahrzeuge mit ihrem extrovertierten Design eine wohlhabende Kundschaft.

Anders als viele Mitbewerber, die eigens neue Markennamen erfanden, um vom Neoklassik-Trend zu profitieren, griffen Exner und O'Donnell bewusst auf die traditionsreiche Marke Stutz zurück, die in den Vereinigten Staaten noch immer einen guten Klang hatte. Exner gehörte zu den angesehensten Automobildesignern des Landes. Bis 1963 war er Designchef bei Chrysler und hatte sich bereits in den 1950er-Jahren mit der Frage beschäftigt, wie sich gestalterische Elemente der 1930er-Jahre in eine moderne Formensprache übertragen

ließen. Ein Ergebnis dieser Überlegungen war 1961 der Chrysler Imperial. Die Kundschaft jedoch konnte Exners nostalgischen Ansätzen wenig abgewinnen, sodass viele seiner Entwürfe zunächst auf dem Papier blieben. Eine Ausnahme bildete der Duesenberg Model D, von dem tatsächlich ein fahrfähiger Prototyp entstand.
Mit James O'Donnell fand Exner schließlich den finanzkräftigen Partner für seine Ideen, und gemeinsam wählten sie Stutz als Namen für ihr neues Unternehmen. Als erstes Modell der wiederbelebten Marke kam der Blackhawk auf den Markt, ein luxuriöses Zweisitzer-Coupé. Wie alle späteren Stutz-Modelle wurde auch der Blackhawk von italienischen Karosserieschmieden gefertigt.
Im Gegensatz zu Herstellern wie Clénet oder Excalibur, die sich gestalterisch vor allem an den 1920er-Jahren orientierten, kombinierte Exner Designelemente der 1930er-Jahre mit zeitgenössischen Karosserieformen. Charakteristisch für diese Philosophie waren der hohe, massive Kühlergrill, ausladende Kotflügel und ein im Heck integriertes Reserverad. Auch die seitlich geführten Auspuffrohre gehörten dazu – sie hatten zwar keine technische Funktion, unterstrichen jedoch wirkungsvoll den Retrocharakter.
Im April 1970 präsentierten O'Donnell und Exner mit dem Blackhawk I ihr erstes Serienmodell. Die technische Basis stammte vom Pontiac Grand Prix: Kastenrahmen, Automatikgetriebe sowie der 6,5-Liter-V8 mit 223 PS wurden übernommen. Der Verkaufspreis lag bei 22.500 US-Dollar. Aufgrund der aufwendigen Fertigung verlor das Unternehmen jedoch rund 10.000 Dollar pro verkauftem Fahrzeug.
1972 folgte der Blackhawk II, nun als 2+2-sitziges Coupé. In dieser Generation übernahm Stutz nicht nur die Technik des Pontiac Grand Prix, sondern auch Teile der Karosseriestruktur. Speziell gefertigte Anbauteile verliehen dem Spenderfahrzeug dennoch den charakteristischen Stutz-Auftritt. Den Antrieb übernahm ein 7,5-Liter-V8 mit 431 SAE-PS.
Zwischen 1973 und 1979 gelangte die dritte Blackhawk-Generation zu den Kunden. Mit rund 300 verkauften Exemplaren erwies sie sich als erfolgreichste Modellreihe der Marke. In dieser Phase kehrte Stutz zu seinen Wurzeln zurück und bot ausschließlich Zweisitzer ohne Notsitze im Fond an. Unverändert blieb der 7,5-Liter-V8 von Pontiac als Antriebseinheit. 1979 endete die Produktion, da der Pontiac Grand Prix nicht länger als Spenderfahrzeug zur Verfügung stand.
In den Jahren 1975 und 1979 entstanden zudem zwei Cabriolet-Varianten auf Basis der dritten Blackhawk-Generation. Während der von einem kalifornischen Stutz-Händler gefertigte Stutz d'Italia ein Einzelstück blieb – unter anderem gefahren von Stuntman Evel Knievel –, brachte das Unternehmen 1979 mit dem Bearcat ein Werkscabriolet auf den Markt, das in einer kleinen Serie in Italien produziert wurde.

RELIANT ROBIN
VOM ROTKEHLCHEN ZUM PLASTIKSCHWEIN

Der Reliant Robin durfte in Großbritannien bereits mit einem Motorradführerschein gefahren werden, was seine Popularität deutlich steigerte.

Automobile mit drei Rädern waren in Großbritannien bereits weit verbreitet, als 1973 der Reliant Robin – benannt nach dem Rotkehlchen – auf den Markt kam. Der Kleinwagen wurde zunächst bis 1981 gebaut, erlebte 1989 ein Comeback und blieb bis 2001 im Programm. Mit dem Ende der Fahrzeugproduktion bei Reliant schloss sich schließlich auch das Kapitel Robin.
Der Dreiradwagen durfte mit einem Motorradführerschein gefahren werden, was ihn für viele Zeitgenossen zu einer attraktiven Alternative zum motorisierten Zweirad machte. Da der Robin weniger als 450 Kilogramm wog, wurde er zudem wie ein Motorrad besteuert und lag damit deutlich unter der Steuerlast herkömmlicher Automobile. Zu den Besitzern eines Reliant Robin zählte unter anderem auch Prinzessin Anne.
In der Öffentlichkeit erhielt der Robin wegen seiner Kunststoffkarosserie und seines ungewöhnlichen Designs den wenig schmeichelhaften Spitznamen »Plastic Pig«, zu Deutsch »Plastikschwein«. Reliant hatte bereits bei der Entwicklung des Sportwagens Scimitar mit der Designschmiede Ogle zusammengearbeitet, weshalb auch der Auftrag für die neue Robin-Karosserie an Ogle ging. Neben der klassischen zweitürigen Limousine mit großer Heckklappe entstanden Varianten als Kombi sowie als Lieferwagen.

Bis 2001 konnten britische Kunden das Dreirad erwerben, ehe Reliant die Produktion einstellte.

In der Werbung wurde der Reliant Robin gern als preiswerte Familienalternative präsentiert.

Der Reliant Robin hat seine eigene Fangemeinde – selbst auf der Rennstrecke. Kippen, Chaos und unvorhersehbare Momente sind hier Programm und machen den ganz eigenen Charme aus.

Als Antrieb diente zunächst ein 748 ccm großer Vierzylindermotor mit 32 PS, der die beiden Hinterräder antrieb. Zwei Jahre nach der Markteinführung spendierte Reliant dem Dreirad einen größeren Motor mit 850 ccm Hubraum, der nun 40 PS leistete.

Zwar wurde der Robin auch in Griechenland in Lizenz gefertigt, blieb jedoch während seiner gesamten Bauzeit ein typisch britisches Produkt. Nach einem Facelift im Jahr 1999, das eine überarbeitete Karosserie sowie Scheinwerfer des Opel Corsa B mit sich brachte, endete die Produktion 2001 mit dem Rückzug von Reliant vom Automobilmarkt. Die »Final Edition« wurde als Robin 65 angeboten und verfügte über Lederausstattung sowie Walnuss-Imitat; der Preis lag bei rund 10.000 Pfund.

Auch im Motorsport war der Reliant Robin zu sehen – sehr zur Freude der Zuschauer, die gespannt verfolgten, welcher Wagen als Erster umkippte und von seinem Fahrer wieder aufgerichtet werden musste. In den Medien avancierte der Robin ebenfalls zum gern genutzten Protagonisten. In der TV-Sendung Top Gear sollte er als Space Shuttle die Weiten des Alls erforschen. Am Ende versagte jedoch der Raketenantrieb, und der Robin musste der Schwerkraft Tribut zollen.

Eine besondere Rolle spielt zudem ein Reliant Regal Supervan in der britischen TV-Sitcom Mr. Bean. Während Rowan Atkinson als Mr. Bean meist mit seinem Mini unterwegs ist, taucht regelmäßig ein mysteriöses blaues Dreirad auf, das sich zum Erzfeind des Titelhelden entwickelt. Die humorvollen Auseinandersetzungen mit dem »Blue Car Driver« enden häufig in waghalsigen Manövern, bei denen das Dreirad fast immer den Kürzeren zieht – und umkippt.

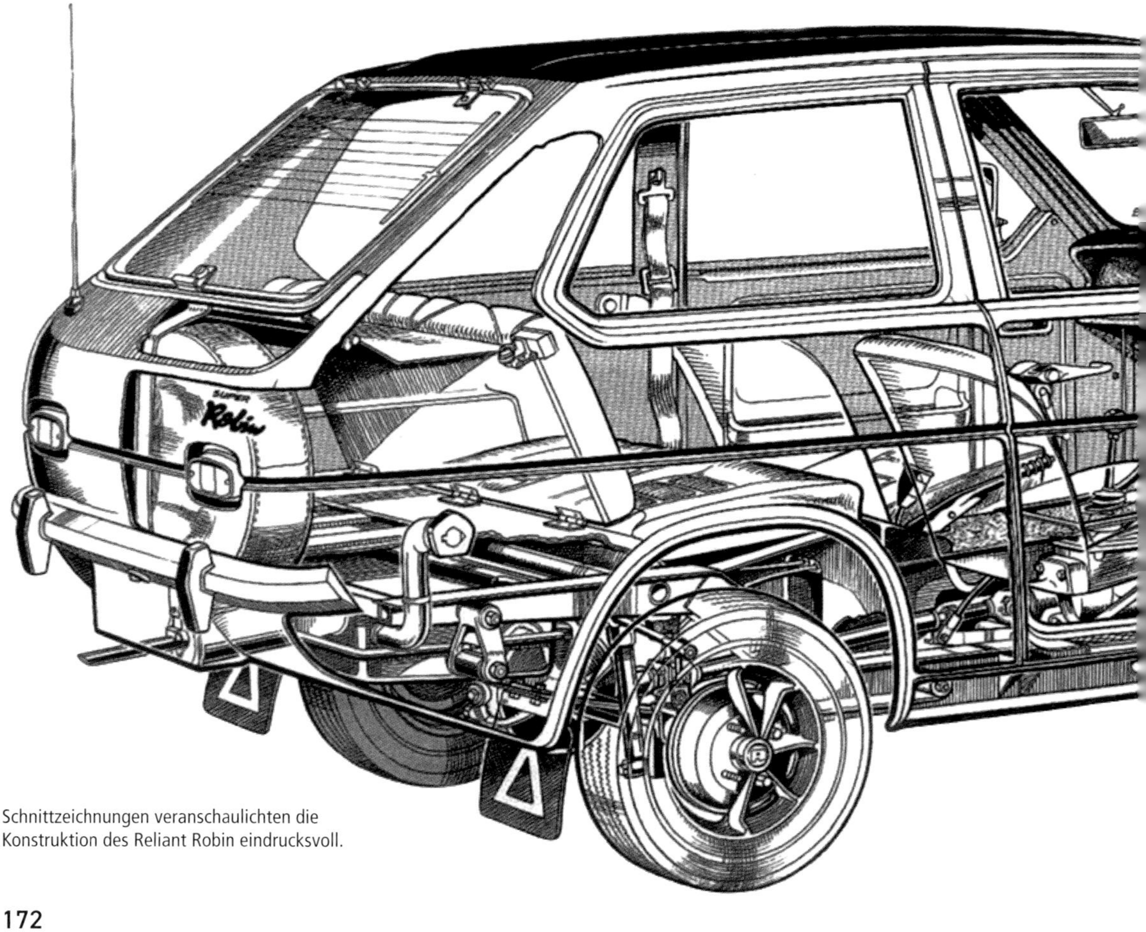

Schnittzeichnungen veranschaulichten die Konstruktion des Reliant Robin eindrucksvoll.

Reliant verstand sein Dreirad als vollwertiges Automobil – und auch die Kunden nahmen es so wahr.

PANTHER DE VILLE ANGRIFF AUF JAGUAR

Panther positionierte sich von Anfang an als Konkurrent von Jaguar und setzte zugleich auf das damals populäre Retrodesign.

Am Anfang stand ein für 10.000 Pfund restaurierter Rolls-Royce aus dem Baujahr 1930, den der Designer Rob Jankel im Jahr 1970 für einen spanischen Stierkämpfer aufbaute. Offensichtlich war Jankel von diesem Projekt so angetan, dass er beschloss, sich als Automobilhersteller selbstständig zu machen. Erste Versuche hatte er bereits unternommen, allerdings ohne Erfolg: Sein 1954 entwickeltes Fahrzeug fand keine Käufer. Geblieben war lediglich der Name The Panther Westwinds Car Company. Der Markenname war Programm, denn Jankel hatte sich mit Jaguar bewusst einen starken Konkurrenten ausgesucht. Die ersten Modelle, die ab 1972 auf den Markt kamen, orientierten sich deutlich an klassischen Jaguar-Entwürfen wie dem SS100. Dieses Vorbild lebte im Panther J72 weiter, der zwischen 1972 und 1981 gefertigt wurde.
Weitere Retromodelle folgten, darunter der spektakuläre Panther 6 mit sechs Rädern, von dem lediglich zwei Exemplare entstanden. 1980 geriet das Unternehmen in wirtschaftliche Schwierigkeiten und musste Insolvenz anmelden. Es wurde anschließend von einem koreanischen Unternehmen übernommen. Die Geschichte von Panther endete schließlich 2005 mit dem Tod von Rob Jankel.
Bei seinen Entwürfen beschränkte sich Jankel jedoch nicht allein auf Jaguar als Inspirationsquelle. Für sein luxuriösestes Modell, den Panther De Ville, der zwischen 1974 und 1985

gebaut wurde, stand der legendäre Bugatti Royale Pate – ein Automobil, von dem in den 1930er-Jahren lediglich sieben Exemplare entstanden. Der über fünf Meter lange De Ville mit seiner mehr als zwei Meter messenden Motorhaube war seinerzeit das teuerste in Großbritannien gefertigte Fahrzeug.
Als Antrieb dienten wahlweise ein Reihensechszylinder oder ein V12-Motor von Jaguar mit einer Leistung zwischen 200 und 300 PS. Im Innenraum erinnerte jedoch nichts an das historische Vorbild: Der De Ville verfügte über eine moderne Instrumentierung und zeitgemäße Technik. Kraftübertragung, Lenkung und Federung stammten ebenfalls aus dem Jaguar-Teileregal. Testberichte bescheinigten dem De Ville ein überraschend leichtfüßiges Fahrverhalten und einen hohen Reisekomfort, der die wohlhabende Kundschaft überzeugte.
Zu den prominenten Besitzern eines Panther De Ville zählten unter anderem Elton John, der Boxer George Foreman sowie der Schah von Persien, der während seiner Herrschaft eine beachtliche Autosammlung zusammengetragen hatte. In Frankreich fuhr der Rockstar Johnny Hallyday einen De Ville.
Für den De Ville entwickelte Panther ein eigenständiges Fahrwerk. Gefertigt wurde das Luxusautomobil in aufwendiger Handarbeit. Die bei den Kunden beliebteste Version war die viertürige Limousine; darüber hinaus wurden zweisitzige Cabriolets und Coupés angeboten. Während der elfjährigen Bauzeit zwischen 1974 und 1985 entstanden insgesamt lediglich 60 Exemplare dieses extravaganten Retromodells.

Unter der von klassischen Vorbildern inspirierten Karosserie arbeitete moderne Antriebstechnik.

Testberichte attestierten den Panther-Modellen ein überraschend leichtfüßiges Fahrverhalten.

Beim Design orientierten sich die Panther-Kreativen an klassischen Automobilen der 1930er-Jahre.

ZAGATO ZELE

ELEKTROPIONIER

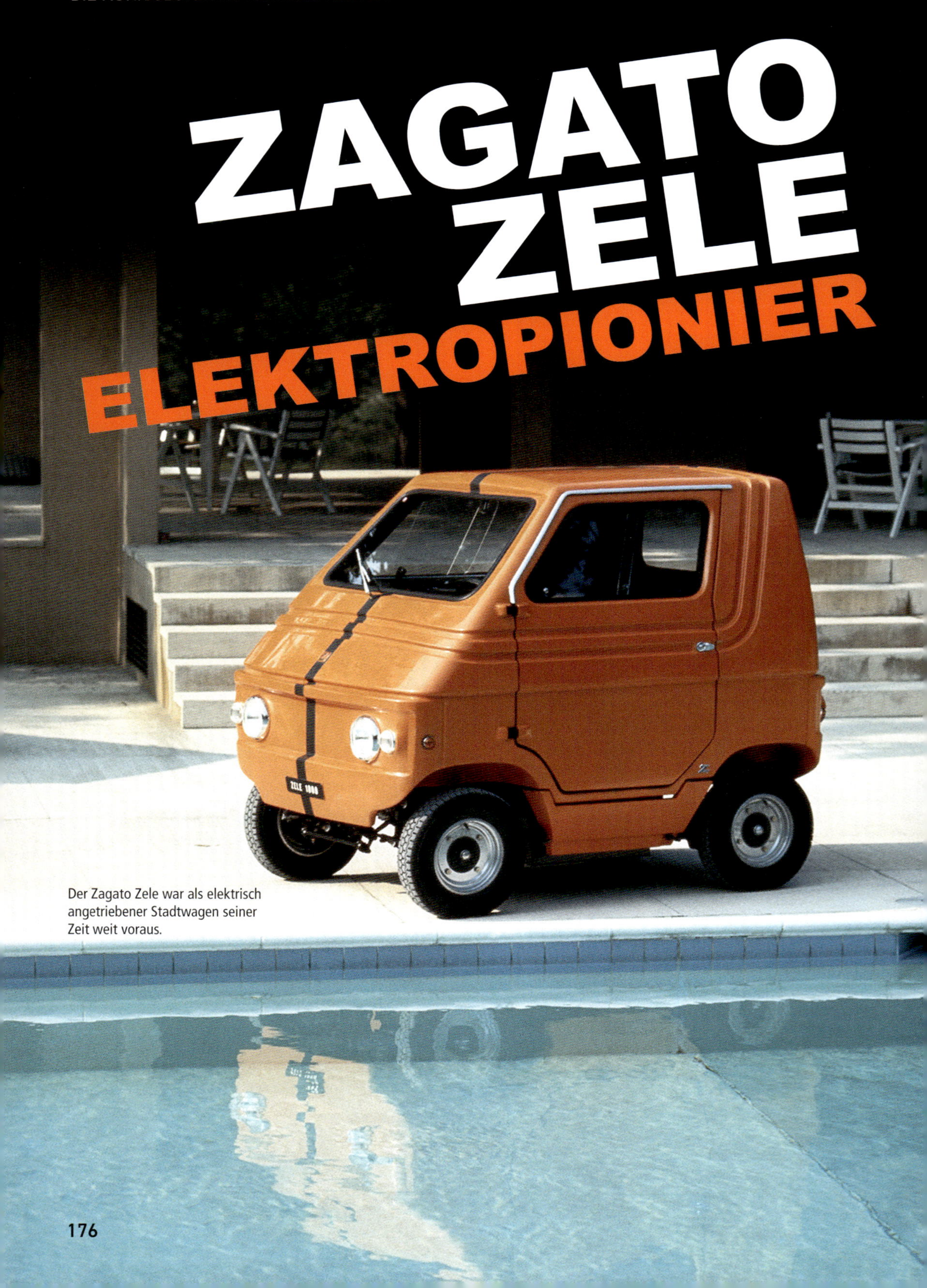

Der Zagato Zele war als elektrisch angetriebener Stadtwagen seiner Zeit weit voraus.

Zagato gehört zu den ältesten und renommiertesten italienischen Designschmieden. Ugo Zagato gründete die Carrozzeria Zagato im Jahr 1919 und arbeitete schon früh mit den großen Automobilherstellern Italiens wie Alfa Romeo, Fiat und Lancia zusammen. Die Entwürfe des Unternehmens hoben sich mit ihren ausgefallenen, oft avantgardistischen Formen immer wieder deutlich vom industriellen Mainstream ab und verschafften Zagato eine Sonderstellung in der Automobilwelt.
Mit seinen Einzelstücken und Kleinserien zählte Zagato auf internationalen Automobilmessen regelmäßig zu den Höhepunkten. Zu den Kunden gehörten im Laufe der Jahrzehnte unter anderem Ford, Toyota, Jaguar, Aston Martin, Mercedes-Benz und Nissan. Neben dem Automobildesign entwickelte das Unternehmen zudem Gestaltungslösungen für Gabelstapler, Straßenbahnen und andere Nutzfahrzeuge.
Mitte der 1970er-Jahre erwies sich Zagato als seiner Zeit weit voraus. Der Zele – in den USA unter dem Namen Elcar vertrieben – war ein nur 1,95 Meter langer Stadtwagen mit einer Kunststoffkarosserie, die auf einem einfachen Kastenrahmen montiert war. Dieser Rahmen wurde im Zagato-Werk gefertigt und nutzte zahlreiche Serienteile von Fiat, während die Bereifung von Michelin stammte.
Das eigentliche Alleinstellungsmerkmal des Zele war jedoch sein Antrieb. Ein Elektromittelmotor von Magneti Marelli leistete bescheidene 4,8 PS. Die Kraftübertragung erfolgte über ein handgeschaltetes Dreiganggetriebe mit Rückwärtsgang. Die Motorspannung wurde über ein zweistufiges Fahrpedal geregelt und lag – je nach gewählter Übersetzung – zwischen 24 und 48 Volt. Auf diese Weise erreichte der Zele eine Höchstgeschwindigkeit von rund 40 km/h.

Mit einer Länge von lediglich 1,77 Metern gehörte der Zagato Zele zu den kompaktesten Fahrzeugen aller Zeiten.

Als Basis diente ein einfacher Kastenrahmen, auf dem die Kunststoffkarosserie elegant montiert wurde.

Vom Zagato Zele sollen angeblich rund 500 Exemplare entstanden sein. Das Fahrzeug wurde zudem in den USA gefertigt.

Die Energie lieferten acht Zwölf-Volt-Batterien, die zusammen etwa 160 Kilogramm wogen. Sie waren in einem seitlich montierten, ausziehbaren Fach untergebracht. Die Ladezeit betrug nach damaligen Angaben rund sechs Stunden.
Gefertigt wurde der Zele in den Zagato-Werken in Terrazzano di Rho bei Mailand. Angeboten wurden die Versionen Zele 1000 und Zele 2000. Während die Basisversion eine Reichweite von etwa 70 Kilometern erreichte, kam der Zele 2000 mit einer Batterieladung auf bis zu 100 Kilometer. Ab 1975 begann die amerikanische Karriere des kleinen italienischen Stromers: Die Elcar Corporation produzierte in Elkhart im US-Bundesstaat Indiana die Modelle Elcar 1000 und Elcar 2000. Insgesamt sollen rund 500 Exemplare des Zele beziehungsweise Elcar entstanden sein.
Der Zagato Zele profitierte von der Ölpreiskrise der 1970er-Jahre, als viele Hersteller alternative Antriebskonzepte verfolgten, um möglichst sparsame Fahrzeuge anbieten zu können. Doch mit dem Ende der Krise verschwanden diese Ideen für lange Zeit wieder in den Schubladen. Auch die Elektromodelle hatten vorerst keine Zukunft – nicht zuletzt, weil die damalige Batterietechnik noch keine größeren Reichweiten zuließ.

Für den elektrischen Stadtwagen versprach Zagato eine Reichweite von 70 bis 100 Kilometern.

Bis der Zagato Zele wieder aufgeladen war, vergingen mindestens sechs Stunden.

AMC PACER
BREIT UND KOMPAKT

Als der AMC Pacer 1975 auf den Markt kam, hatten sich die Marketingexperten des Herstellers in Kenosha den Slogan »The first wide small car« ausgedacht. Damit beschrieben sie das Konzept des Dreitürers in wenigen Worten erstaunlich präzise. Und nachdem Pacer auf Deutsch so viel wie Schrittmacher bedeutet, hatten sich die Entwickler bei American Motors Corporation vorgestellt, mit ihrem ungewöhnlichen Entwurf der automobilen Industrie neue Impulse zu geben.

Diese Hoffnung erfüllte sich jedoch nicht. Das exotische Design konnte die US-amerikanischen Kunden nur bedingt begeistern, und so blieb der Pacer eines der skurrilsten Fahrzeuge, die jemals in den USA produziert wurden. Die großzügigen Glasflächen und die unterschiedlich großen Seitentüren machten ihn zum Außenseiter. Viele Zeitgenossen fühlten sich wie in einem überdimensionierten Aquarium. Erst nach dem Produktionsende im Jahr 1979 entwickelte sich der Pacer zum Kult- und begehrten Sammlerobjekt.

Bereits mit dem ungewöhnlichen Gremlin hatte AMC die amerikanische Autolandschaft irritiert, nun sollte der Pacer eine neue Kundschaft ansprechen: Käufer, die kompakte Außenmaße bei gleichzeitig großzügigen Innenraumverhältnissen suchten. Die Entwicklung begann schon 1971, und zunächst wurden unterschiedlichste technische Konzepte diskutiert. Dazu zählten ein Mittelmotor, eine entgegen der Fahrtrichtung montierte Sitzbank nach Art des Zündapp Janus sowie Überlegungen zu Frontantrieb und Wankelmotor. Letzterer sollte ursprünglich die Hinterachse antreiben, um möglichst viele vorhandene AMC-Komponenten nutzen zu können.

Neue Abgasvorschriften und die Ölpreiskrise machten diesen Plänen jedoch einen Strich durch die Rechnung. Der Wankelmotor, für den AMC wie viele andere Hersteller eine Lizenz erworben hatte, wurde fallengelassen. Stattdessen kam ein konventioneller Reihensechszylinder aus dem hauseigenen Teilelager zum Einsatz, der ebenfalls die Hinterräder antrieb. Parallel passten die Entwickler den Pacer an die verschärften Sicherheitsvorschriften an. Damit wurde das Modell auf Anhieb zum sichersten Kompaktwagen seiner Zeit in den USA – ein Umstand, den die Marketingabteilung allerdings kaum kommunizierte.

Der Pacer verfügte über eine Windschutzscheibe aus Verbundglas, eine besonders steife Karosseriestruktur und integrierte Aufprallschutzträger in den Türen. Um den Einstieg in

Mit dem AMC Pacer wollte American Motors eine Kundschaft ansprechen, die ein kompaktes Fahrzeug mit großzügigem Innenraum suchte.

Der Pacer wurde von Sechszylinder- oder V8-Motoren angetrieben und verfügte über ein modernes Fahrwerk.

Die Modellpalette von American Motors reichte vom seltsam gestalteten Gremlin bis zum Pacer.

den Fond zu erleichtern, war die Beifahrertür rund zehn Zentimeter breiter als die Fahrertür. Trotz chronisch knapper Kassen investierte AMC rund 60 Millionen Dollar in die Entwicklung dieses Hoffnungsträgers.
Angetrieben wurde der Pacer zunächst von einem 3,8-Liter-Reihensechszylinder mit 91 PS, der seine Kraft über eine Dreigangautomatik übertrug. Später folgte eine Version mit einem 4,2-Liter-V8 aus dem Jeep-Programm, der 122 PS leistete. Ab 1978 war sogar ein Fünfliter-V8 mit 132 PS erhältlich. Das Fahrwerk galt als vergleichsweise modern, und als erstes US-amerikanisches Großserienmodell erhielt der Pacer eine Zahnstangenlenkung. Scheibenbremsen an der Vorderachse waren allerdings nur gegen Aufpreis erhältlich. 1977 ergänzte eine Kombiversion das Programm.
Mit rund 145.000 produzierten Exemplaren übertraf der Pacer im ersten Produktionsjahr alle Erwartungen. Nach diesem furiosen Start gingen die Verkaufszahlen jedoch rasch zurück. Insgesamt setzte AMC rund 280.000 Fahrzeuge des ungewöhnlichen Kompaktwagens ab.

CLÉNET
KLASSIKER MADE IN CALIFORNIA

Der Clénet schwamm auf der Retrodesign-Welle und zählte zu den am besten verarbeiteten Modellen dieses Segments.

Alain Clénet war 31 Jahre alt, als er 1975 in Santa Barbara, Kalifornien, sein eigenes Unternehmen gründete. Der in Paris ausgebildete Designer hatte zuvor für die American Motors Corporation gearbeitet und war dort an der Entwicklung des Sportwagens Javelin beteiligt. Bereits mit 25 Jahren war er als Designberater in Detroit tätig und arbeitete unter anderem für Ford.

Der junge Franzose hatte beobachtet, wie der Excalibur erfolgreich eine nostalgisch orientierte Kundschaft bediente. Inspiriert davon stellte er 1976 auf der Los Angeles Expo Auto Show seine erste, in Handarbeit gefertigte Schöpfung vor. Das Modell wurde selbstbewusst unter dem Namen »Clénet« angeboten und war auf Anhieb erfolgreich. Damit konnte der Unternehmer seine Firma Clénet Coachwork Incorporated aufbauen. Von Beginn an begrenzte Clénet die Produktion bewusst auf weniger als 250 Fahrzeuge pro Jahr – ein geschickter Schachzug, um kostspielige Crashtests zu vermeiden.

Im Gegensatz zu seinem Vorbild Excalibur verzichtete Clénet auf den Nachbau konkreter historischer Vorbilder. Stattdessen entwarf er eigenständige »moderne Oldtimer«. Dieses Konzept erwies sich als erfolgreich, nicht zuletzt wegen der für diese Fahrzeugklasse außergewöhnlich hohen Verarbeitungsqualität.

Beim Antrieb bediente sich Clénet in den Teilelagern von Ford und setzte auf V8-Motoren von Lincoln oder Mercury, die zwischen 142

und 168 PS leisteten. Die Kraftübertragung erfolgte über Automatikgetriebe. Das Fahrwerk war eine Eigenentwicklung, während die langgestreckte, elegante Karosserie aus Stahlblech bestand. Die Kotflügel fertigte Clénet aus Kunststoff.
Im Innenraum erwartete die Kunden ein luxuriöses Ambiente mit hochwertigen Materialien wie Echtleder, edlen Hölzern und Lammfell. Eine Klimaanlage gehörte ebenso zur Serienausstattung wie zahlreiche weitere Komfortdetails.
1979 brachte das Unternehmen sein zweites Modell auf den Markt. Das sogenannte »Four Passenger Convertible« verfügte über einen auf 3,45 Meter verlängerten Radstand und maß insgesamt 5,61 Meter in der Länge. Wie bei der ersten Serie stammte der Antrieb erneut von Ford. Unerwartet leitete ausgerechnet dieses Viersitzer-Modell jedoch das Ende des Unternehmens ein.
Für die geplante dritte Modellgeneration hatte Clénet bereits eine neue Produktionsstätte im kalifornischen Goleta in Betrieb genommen. Der neue Clénet sollte wieder als Zweisitzer erscheinen, ähnlich dem ersten Modell der Marke. Doch da der Viersitzer nicht genügend Kapital einspielte, kam die dritte Serie nie über das Planungsstadium hinaus. 1983 beendete Alain Clénet schließlich seinen Ausflug in die Welt der neoklassischen Automobile.
Im Jahr 2005 gründete Clénet gemeinsam mit seinem Sohn Kelly in Kalifornien das Unternehmen Ergomotion, das sich auf die Entwicklung und Produktion verstellbarer Bettgestelle spezialisierte.

Designer Alain Clénet verzichtete bewusst auf konkrete klassische Vorbilder und entwickelte so eine eigenständige Formensprache.

Als Antrieb wählte er Motoren aus dem Ford-Teileregal. Die Bauzeit der Clénet-Modelle endete 1983.

Der Clénet fand besonders bei den Schönen und Reichen seine Anhängerschaft und war oft in exklusiven Biotopen zu sehen.

JAMESON MERLIN
RAKETE AUF RÄDERN

Der Antrieb des Jameson Merlin stammte aus einem Kampfflugzeug und leistete beeindruckende 1760 PS.

Paul Jameson wurde einmal gefragt, warum er seine außergewöhnlichen Fahrzeuge entwickelte. Der Brite antwortete darauf mit nur zwei Worten: »Warum nicht?« Tatsächlich sprengten die von ihm auf die Räder gestellten Konstruktionen jeden bekannten Rahmen. Sein erstes Automobil wurde von einem Rolls-Royce-Motor angetrieben, der seinen gewaltigen Hubraum von 26,9 Litern auf zwölf Zylinder in V-Anordnung verteilte. In seinem ersten Leben hatte das Aggregat mit rund 600 PS den Panzer Cromwell Mk. IV angetrieben. Jameson verpackte diesen Antrieb in eine Karosserie, die entfernt an einen Ford Capri erinnerte. Bei einem Auftritt in Schweden brannte die spektakuläre Konstruktion jedoch vollständig aus und konnte nicht wieder aufgebaut werden. Bereits vor diesem Unglück hatte Jameson al-

lerdings ein zweites Projekt geplant, das seine erste Kreation noch übertreffen sollte. Als Antrieb wählte er einen Flugzeugmotor, der im Zweiten Weltkrieg in mehreren britischen und amerikanischen Kampfflugzeugen zum Einsatz gekommen war. Die technischen Daten übertrafen alles zuvor Dagewesene: Der Merlin-Motor leistete 1.760 PS. Das entsprechend aufgerüstete Fahrzeug wurde im Dezember 1973 einer verblüfften Öffentlichkeit vorgestellt.
Der Jameson Merlin verfügte über vier Räder, wog mehr als zwei Tonnen und war 5,66 Meter lang. Als Höchstgeschwindigkeit versprach der Konstrukteur 300 km/h. Die Kraftübertragung erfolgte über ein sequenzielles Getriebe, während die Bremsanlage aus dem Range Rover übernommen wurde.
Der Fahrer blickte auf ein vollständiges Instrumentenpanel, zu dem auch ein Höhenmesser gehörte. Die verschiedenen Tanks fassten insgesamt 189 Liter Kraftstoff mit 100 Oktan sowie zusätzlich 37 Liter Schmierstoffe. Für die Kühlung sorgten zwei Kühler aus einem Ford-Lastwagen. Im Guinness-Buch der Rekorde wurde der Jameson Merlin zeitweise als schnellstes Fahrzeug der Welt geführt.
Das Design der Karosserie entstand aus einem von einem Magazin ausgelobten Wettbewerb, den ein gewisser Harry Smith gewann. Zahlreiche Karosserieteile stammten aus der Großserie: Die Stoßstangen kamen vom Ford Transit und vom Jaguar XJ6, während Komponenten der Beleuchtungsanlage von Volkswagen und Vauxhall beigesteuert wurden.
Der Jameson Merlin gelangte später in das niederländische Louwman Museum, das sich nach einiger Zeit wieder von der ausgefallenen Konstruktion trennte. Als der Bruder des Konstrukteurs von den Verkaufsabsichten erfuhr, griff er kurzentschlossen zu. So kehrte der Jameson Merlin schließlich in den Besitz der Familie zurück.

Um den gewaltigen Antrieb aufzunehmen, erhielt der Jameson Merlin eine schier endlose Motorhaube, die seine außergewöhnliche Präsenz unterstrich.

SUZUKI VITARA X-90

THEMA VERFEHLT

Der Suzuki X-90 fand bei der Kundschaft kaum Anklang und wurde daher lediglich zwei Jahre lang produziert.

Sportliche Nutzfahrzeuge oder SUVs folgen heute einem weitgehend einheitlichen Design. Die Formen sind austauschbar, was dem Erfolg dieser Fahrzeuggattung allerdings keinen Abbruch tut – auch wenn viele Zeitgenossen die gestalterische Gleichförmigkeit inzwischen als langweilig empfinden. Entscheidet sich ein Hersteller jedoch, bewusst vom etablierten Design-Diktat abzuweichen, folgt das Publikum diesem Schritt nicht zwangsläufig.
Diese Erfahrung musste Suzuki machen, als die japanische Marke ein SUV-Cabriolet mit Stufenheck (!) auf den Markt brachte und damit die internationale Kundschaft – vorsichtig formuliert – verblüffte. Der Suzuki Vitara X-90 verfügte über ein herausnehmbares Targadach und basierte technisch auf dem Suzuki Vitara, der mit seinen klassischen SUV-Merkmalen weltweit erfolgreich war. Der zweisitzige X-90 wurde jedoch nur zwei Jahre lang produziert und verschwand aufgrund der geringen Nachfrage schnell wieder aus dem Programm.
Als Antrieb kam ausschließlich ein 1,6-Liter-16-Ventil-Motor zum Einsatz, der 97 PS leistete und eine Höchstgeschwindigkeit von 150 km/h ermöglichte. In Deutschland wurde der X-90 ausschließlich mit Allradantrieb angeboten, während er auf anderen Märkten auch mit Hinterradantrieb erhältlich war.
Die Ausstattung fiel für einen Kompakt-SUV jener Zeit üppig aus. Serienmäßig an Bord waren unter anderem zwei Airbags, elektrische Fensterheber, Zentralverriegelung, selbstsperrende Naben für den Geländeeinsatz, Servolenkung sowie ein Heckspoiler mit dritter Bremsleuchte. Darüber hinaus verfügte der X-90 über eine Wegfahrsperre, Seitenaufprallschutz, Breitreifen und ein vollwertiges Reserverad. Gegen Aufpreis konnten unter anderem ABS, Leichtmetallräder, Klimaanlage, Lederausstattung und eine Vierstufen-Automatik geordert werden.
Das Fahrverhalten des X-90 erwies sich allerdings als problematisch. Die Kombination aus

Das Nachfolgermodell des X-90 traf schon eher die Erwartungen der anvisierten Kundschaft.

kurzem Radstand und hohem Schwerpunkt machte das Fahrzeug insbesondere bei höheren Geschwindigkeiten nervös. Zudem hatten die Entwickler darauf verzichtet, ein Staufach für die beiden Dachhälften vorzusehen. Bei Offenfahrten mussten die Besitzer daher auf den Gepäckraum verzichten.
Die öffentliche Meinung war von Beginn an gespalten. Während einige Zeitgenossen das eigenwillige Design durchaus positiv bewerteten, fühlten sich andere davon regelrecht abgeschreckt. Suzuki reagierte mit einer selbstironischen Werbekampagne und präsentierte den X-90 mit dem Slogan »Love it or leave it«. In Deutschland kostete der ungewöhnliche Zweisitzer 29.990 Mark.

Die Kombination aus Stufenheck, SUV und Cabriolet überraschte zwar, fand jedoch nur wenige Liebhaber.

Auch die Werbekampagnen mit fröhlichen Suzuki-Fahrern konnten den Absatz nicht entscheidend beleben.

In Deutschland verlangte Suzuki für das Freizeitfahrzeug mindestens 29.900 Mark.

Der Nachfolger mit konventionellerer Karosserie fand schließlich den Weg auf die Erfolgsspur.

Mit dem Yamaha OX99-11 plante Yamaha einen Supersportwagen mit einem Antrieb aus der Formel 1.

YAMAHA OX99-11 FEHLSTART

Yamaha ist vor allem für Musikinstrumente und Motorräder bekannt, zählt jedoch zugleich zu den angesehenen Entwicklungspartnern der Automobilindustrie. Ende der 1980er Jahre wagte sich das japanische Unternehmen mit einer eigenen Motorenentwicklung in die Formel 1. Erster Partner war das deutsche Team Zakspeed aus der Eifel. Der Ausflug in die Königsklasse des Motorsports verlief jedoch enttäuschend, und Yamaha beendete das Engagement schließlich ohne einen einzigen Sieg. Die beste Platzierung erreichte Damon Hill mit einem zweiten Platz beim Großen Preis von Ungarn.
Statt in der Formel 1 weiterhin hinterherzufahren, blickten die Yamaha-Verantwortlichen Anfang der 1990er Jahre zu McLaren, wo 1992 der Supersportwagen F1 vorgestellt wurde. Warum nicht einen ähnlichen Sportwagen entwickeln, um dem eigenen Formel-1-Triebwerk OX99, einem V12-Motor, ein zweites Leben zu ermöglichen? Dieser Gedanke führte schließlich zu konkreten Plänen. Nachdem Verhandlungen mit einem deutschen Partner gescheitert waren, erhielt das britische Unternehmen International Automotive Design (IAD) den Auftrag, einen Prototyp zu entwickeln.
Das Ergebnis trug den kryptischen Namen OX99-11 und entsprach im Wesentlichen einem für den Straßeneinsatz modifizierten Gruppe-C-Rennwagen. Der Sportwagen war für zwei Personen ausgelegt, die hintereinander Platz nahmen. Der 4,40 Meter lange OX99-11 verfügte über ein Kohlefaser-Monocoque, das aus der Yamaha-Formel-1-Abteilung stammte.
Den Antrieb übernahm eine überarbeitete Ver-

Der OX99 verfügte über ein Kohlefaser-Monocoque.

Der Pilot hatte Zugriff auf eine vollständige Instrumentenanzeige.

Der Antrieb leistete 400 PS.

sion des Formel-1-Motors mit 3,5 Litern Hubraum und zwölf Zylindern. In der »zivilisierten« Ausführung leistete das Aggregat immer noch rund 400 PS, wobei der rote Bereich des Drehzahlmessers erst bei 10.000 U/min begann. Die Kraft wurde über ein Sechsganggetriebe übertragen. Der Sprint von null auf 100 km/h dauerte etwa drei Sekunden, die Höchstgeschwindigkeit lag jenseits der 350-km/h-Marke. Bei IAD entstanden insgesamt drei Prototypen. Danach gerieten die beiden Partner jedoch in finanzielle Auseinandersetzungen, woraufhin Yamaha die weiteren Entwicklungsarbeiten selbst übernahm und dafür eigens eine Abteilung für die Serienproduktion gründete. Doch nur ein halbes Jahr später war das Projekt beendet. Yamaha begründete den Schritt mit den wirtschaftlichen Rahmenbedingungen: Der OX99-11 hätte rund 800.000 US-Dollar kosten sollen – zu viel angesichts der damaligen weltweiten Wirtschaftsflaute.

Während andere Hersteller gescheiterte Projekte lieber verschweigen, zeigt Yamaha die drei OX99-11-Prototypen bis heute regelmäßig bei Veranstaltungen in Japan.

Wäre der Supersportwagen in Serie gegangen, hätte Yamaha mindestens 800.000 Dollar verlangt.

Pilot und Beifahrer saßen in der schmalen, hintereinander angeordneten Kanzel.

POLO HARLEKIN

DER WOLFSBURGER CLOWN

Die unterschiedlichen Farben kennzeichneten die verschiedenen Ausstattungsvarianten.

1999 brachte Volkswagen den neuen Polo mit Ausstattungspaketen auf den Markt, die für dieses Segment damals ungewöhnlich umfangreich waren. Der Kleinwagen ließ sich in allen Motorisierungen großzügig ausstatten. Um die verschiedenen Kombinationen zu veranschaulichen, stellte Volkswagen die Ausstattungspakete im Verkaufskatalog in vier unterschiedlichen Farben dar. Zusätzlich ließen die Marketingexperten 20 Fahrzeuge vierfarbig lackieren, um die Variationsmöglichkeiten anschaulich zu präsentieren. Diese Exemplare wurden bei ausgewählten großen Volkswagen-Händlern ausgestellt.

Mit der Reaktion der Kundschaft hatten die Wolfsburger jedoch nicht gerechnet. Das Interesse galt weniger den einzelnen Ausstattungspaketen als vielmehr den bunt lackierten Fahrzeugen selbst. Die Kunden verlangten nach genau diesen auffälligen Polos.

In Wolfsburg begann man zu rechnen und kam zu dem Schluss, dass mindestens 1.000 Exemplare verkauft werden müssten, um eine Serienfertigung wirtschaftlich zu machen. Am Ende setzte Volkswagen jedoch knapp 4.000 Polo Harlekin ab. Die für den bunten Auftritt vorgesehenen, bereits lackierten Polos wurden in einer Nebenhalle auf dem Werksgelände in Wolfsburg umgebaut. Mechaniker zerlegten die Fahrzeuge teilweise und ersetzten gezielt Karosserieteile. Die ursprüngliche Lackierung blieb stets am Dach, an den Schwellern und im Motorraum erhalten. Die Farbzusammenstellung folgte dabei einem exakt festgelegten Muster.

Der Polo Harlekin basierte auf der neuen Generation des Polo, die erstmals auch als Fünftürer angeboten wurde. Zur Sicherheitsausstattung gehörten ABS, Gurtstraffer und Airbags. Die einzelnen Farben standen symbolisch für bestimmte Ausstattungsbereiche: Chagallblau kennzeichnete Fahrwerk und Antrieb, Ginstergelb die Ausstattung, Flashrot die optionalen Extras und Pistaziengrün die verfügbaren Lackierungen. Nachdem der Polo Harlekin in Serie gegangen war, bewarb Volkswagen das Modell selbstironisch mit dem Slogan: »Sie haben es nicht anders gewollt.«

Der Preis für den Polo Harlekin lag bei rund 23.000 Mark. Einige Fans kamen jedoch kostenlos in den Besitz eines Exemplars: Rund 500 Fahrzeuge wurden von McDonald's unter seinen Kunden verlost. Auch in den USA bot Volkswagen später Harlekin-Versionen des Golf III sowie des in Mexiko produzierten Käfers an.

Hauptsache bunt: Die Farbkombinationen waren exakt definiert.

Der Polo Harlekin kostete rund 23.000 Mark.

Der Polo Harlekin kostete rund 23.000 Mark.

Die Ur-Lackierung blieb an Dach, Schwellern und im Motorraum.

Graffiti-Freunde unter sich: Vom Erfolg des Polo Harlekin war man bei Volkswagen zunächst selbst überrascht.

PONTIAC AZTEK

FALSCH ABGEBOGEN

Eine kleine Hauptrolle spielt der Pontiac Aztec in der Erfolgsserie »Breaking Bad« als Auto der Hauptfigur Walter White. Der unscheinbare Aztek ließ sich laut Serienschöpfer Vince Gilligan leicht mit einem »normalen« Durchschnittstyp identifizieren, der in die Welt des Verbrechens abrutscht.

In der Geschichte des Automobils gab es immer wieder Modelle, die bei Experten und Kunden Stirnrunzeln auslösten. Der Pontiac Aztek gehörte definitiv dazu. Trotz zahlreicher Gremien, die ein Fahrzeug vor der Serienproduktion absegnen müssen, lagen die Verantwortlichen bei Pontiac offenbar auf einem falschen Kurs, als sie den Crossover auf den Markt brachten. Der Name Aztek sorgte zusätzlich für Verwirrung: Er bezog sich auf die einstigen Herrscher Mexikos – schließlich wurde das Fahrzeug in Mittelamerika produziert – im Werk Ramos Arizpe.

Bereits 1999 hatte Pontiac eine gleichnamige Designstudie vorgestellt. Die Serienversion, die zwei Jahre später folgte, überraschte die automobile Welt: Formen, Proportionen und Details passten nicht zusammen. In einer Umfrage der britischen Tageszeitung The Telegraph wurde der Aztek sogar zum hässlichsten Auto aller Zeiten gekürt.

Das Fahrzeug war in zwei Varianten erhältlich: als Basisversion und als Aztek GT, jeweils mit Front- oder Allradantrieb. Die Heckaufhängung unterschied sich: Fronttriebler nutzten eine Starrachse, Allradler eine Einzelradaufhängung. Unter der Haube arbeitete ein 3,4-Liter-V6-Motor mit 188 PS, gekoppelt an eine elektronisch geregelte Viergang-Automatik. Ein Jahr nach der Markteinführung erhielt der Aztek ein leicht überarbeitetes Karosseriedesign – kosmetische Änderungen, die das unharmonische Design aber nicht retten konnten. General Motors hatte große Erwartungen:

75.000 Einheiten pro Jahr sollten in Ramos Arizpe vom Band rollen, 60.000 Fahrzeuge wären nötig gewesen, um Gewinne zu erzielen. Tatsächlich blieben die Absatzzahlen deutlich hinter den Erwartungen zurück: Im ersten Produktionsjahr wurden nur 27.000 Fahrzeuge verkauft, im letzten Jahr gerade einmal 5.020 Exemplare. Produktchef Jim Vurpillat erklärte rückblickend: »Wir waren restlos davon überzeugt, dass der Aztek auf dem Markt einschlägt.«

Pontiac hatte mit dem Aztek eine neue Fahrzeugkategorie erfunden – das »Sport Recreation Vehicle« – und der Aztek war eines der letzten Modelle der Marke, die 1926 gegründet wurde. 2003 wertete General Motors den Aztek mit der »Rally Edition« auf: tiefere Karosserie vorne, größerer Heckspoiler, verchromte 17-Zoll-Räder sowie auf Wunsch DVD-Player, XM-Satellitenradio und Reifendruckkontrollsystem. Zielgruppe sollten »junge, hippe Kunden mit attraktivem Lifestyle« sein – die ästhetischen Ansprüche des Publikums wurden jedoch übersehen.

Trotz des kommerziellen Misserfolgs erlangte der Aztek Kultstatus: In der US-TV-Serie Breaking Bad fährt die Hauptfigur einen Pontiac Aztek, der immer wieder beschädigt, aber stets repariert wird. Auch in der Serie Dark Angel spielt der Aztek eine zentrale Rolle.

Zielgruppe waren »junge, hippe Kunden mit attraktivem Lifestyle«.

Die Sitze wirkten wenig komfortabel.

Der Fahrer blickte auf eine vollständige Instrumentierung.

Beim Pontiac Aztec passt so gut wie nichts zusammen. Die britische Tageszeitung »The Telegraph« wählte den Crossover zum »hässlichsten Auto aller Zeiten«.

CARVER ONE
SCHRÄGE GESCHICHTE

Die Niederlande sind nicht unbedingt ein Kernland der Automobilgeschichte, lieferten aber immer wieder originelle Fahrzeuge. Der Carver One gehört definitiv dazu. Entwickelt als urbaner Zweisitzer, erinnert er in seiner Bauweise an den Messerschmitt-Kabinenroller der 1950er-Jahre: Der Beifahrer sitzt hinter dem Fahrer und erlebt die Fahrt wie eine Achterbahnfahrt durch die Stadt. Möglich wird dieser Effekt durch die Neigetechnik, die den Carver beim Kurvenfahren um bis zu 45 Grad kippen lässt.

Mit 3,40 Metern Länge ist der Carver One kompakt, wird von einem 659-ccm-Vierzylinder von Daihatsu mit 68 PS angetrieben und bringt nur 670 Kilogramm auf die Waage. Die Höchstgeschwindigkeit beträgt 170 km/h, und von 0 auf 100 km/h beschleunigt er in 8,2 Sekunden. Nach einer kurzen Eingewöhnung ermöglicht die Neigetechnik rasante Kurvenfahrten, die den Carver One in der Stadt zu einem äußerst dynamischen Gefährt machen. Selbst der sonst kritische Jeremy Clarkson von Top Gear zeigte sich begeistert: »Ich habe noch nie so viel Spaß in einem Auto gehabt, wirklich und wahrhaftig, und ich glaube nicht, dass mir das jemals langweilig wird.«

Dem Fahrspaß stand jedoch der hohe Preis im Weg: 59.000 Euro ohne Extras. Die kostspielige Konstruktion begrenzte die Verbreitung des Fahrzeugs. 2009 endete die Produktion in den Niederlanden. Anschließend übernahm die 2Drive Deutschland GmbH & Co die Fertigung, die einige Jahre später endgültig eingestellt wurde.

Der Carver erreichte dank seines geringen Gewichts eine Höchstgeschwindigkeit von 170 km/h.

DAIHATSU MATERIA
DIE JAPANISCHE KANTE

In Japan erfreuten sich Modelle wie der Daihatsu Materia großer Beliebtheit, während der Erfolg in Europa ausblieb.

In Japan entstand Anfang der 2000er Jahre eine automobile Klasse, die sich durch eine optimale Raumausnutzung auf kleiner Grundfläche auszeichnete. Ursprünglich ausschließlich für den japanischen Markt entwickelt, kamen einige Vertreter dieser Familientransporter nach Europa. Bei den Reisen nach Japan hatten europäische Motorjournalisten Gefallen an diesen Modellen gefunden und nach einer europäischen Markteinführung gefragt, und irgendwann gaben die Verantwortlichen in Tokyo nach und begannen mit dem Export. Toyotas Beitrag in dieser Klasse war der Toyota bB, der bei Daihatsu als Coo produziert wurde und im Jahr 2007 als Materia nach Europa kam. Offensichtlich wagten es die Toyota-Verantwortlichen nicht, mit einem eigenen Modell in Europa zu starten. Daihatsu gehörte allerdings als Kleinwagenspezialist zur Toyota-Familie und hatte sich eine treue Kundschaft aufgebaut. Der Materia maß 3,8 Meter in der Länge und war 1,6 Meter breit, aber 1,7 Meter hoch und damit um satte 17 Zentimeter höher als der um einige Zentimeter kürzere Volkswagen Polo.

Im Innenraum des ausgefallenen Kleinwagens fanden fünf Personen ausreichend Platz, und die Rücksitzbank ließ sich um 16 Zentimeter verschieben. Die Vordersitze ließen sich umlegen, und der Materia kam mit einer umfangreichen Ausstattung zu den Kunden. Dazu gehörten Leichtmetallräder, eine Klimaanlage, ein CD-Radio sowie elektrische Fensterheber für vorne und hinten. Als Antrieb werkelte ein 1,3-Liter-Motor mit 91 PS unter der kurzen Fronthaube. Später kam noch ein 1,5-Liter-Vierzylinder ins Programm, der 103 PS leistete und auch die Allradvariante antrieb. Mit einem

Die Informationszentrale des Materia war für europäische Kunden zunächst gewöhnungsbedürftig.

MATERIA

Preis von 15.490 Euro im Jahr 2009 gehörte der kleine Familientransporter zu den preiswerten Vertretern seiner Gattung.
Um den Innenraum aufzuwerten, stand eine Lederausstattung in der Aufpreisliste, und mittels Heckspoiler, Doppelrohrauspuff einschließlich Heckblende und 17-Zoll-Leichtmetallrädern versuchte Daihatsu, eine jüngere Kundschaft für den Materia zu gewinnen. Doch die winkte ab, und nachdem auch die eigentlich treue Daihatsu-Stammkundschaft wenig Interesse an dem exotischen Modell zeigte, stellte Daihatsu im September 2010 den Import ein.

Das Design des Daihatsu Materia stieß bei europäischen Kunden auf wenig Begeisterung.

Im großzügigen Laderaum war ausreichend Platz für einen Campingurlaub.

Der Materia kostete in Deutschland mindestens 15.490 Euro.

Vor allem zeichnete sich das Design durch seine Praktikabilität aus.

TATA NANO
PREISBRECHER AUS INDIEN

Der Tata Nano war mit umgerechnet 1.400 Euro das preiswerteste Auto der Welt.

Als der Tata Nano am 10. Januar 2008 auf der 9. New Delhi Auto Expo vorgestellt wurde, ging ein Beben durch die internationale Automobilindustrie. Mit einem Preis von umgerechnet 1.400 Euro war der Kleinwagen das preiswerteste Automobil der Welt. 18 Monate später überreichte Konzernchef Ratan Tata persönlich dem ausgelosten ersten Kunden den ersten Nano LX. Die ersten 100.000 Modelle wurden nicht einfach verkauft, sondern die Kaufberechtigungen wurden über eine Lotterie an die Interessenten verteilt. Der ausgelobte Einstiegspreis wurde am Ende nur für die ersten 100.000 Exemplare garantiert. Von Mitte 2012 an stieg der Preis auf immer noch extrem preiswerte 2.160 Euro. Mit dem Nano plante Tata, eine Alternative für die in indischen Städten allgegenwärtigen motorisierten Dreiräder auf den Markt zu bringen.

Der im Heck platzierte Zweizylindermotor (624 ccm) war von Tata gemeinsam mit der FEV Motorentechnik in Aachen entwickelt worden. Die Benziner-Version leistete 38 PS. Der gleich große Diesel kam auf 28 PS.

Die Kunden mussten allerdings auf zahlreiche Annehmlichkeiten verzichten. So fehlten im Nano Dinge wie Servolenkung, Automatikschaltung, Klimaanlage, ein Autoradio, und von elektrischen Fensterhebern war auch keine Rede. In der Basisversion fehlte zudem

eine Heckklappe, sodass die Nano-Besitzer das Gepäckabteil nur über die umklappbare Rückbank erreichen konnten. Und auch auf Sicherheitseinrichtungen wie einen zweiten Rückspiegel, Airbags oder ABS-Bremsen mussten die Nano-Freunde verzichten. Außerdem waren die Fahrwerks- und Karosserieverbindungen geklebt statt geschweißt. Allerdings konnten zahlreiche Ausstattungselemente wie Heckklappe, zweiter Außenspiegel oder ein Automatikgetriebe gegen Aufpreis geordert werden.
Im März 2009 stand auf dem Genfer Automobilsalon eine für die europäischen Zulassungsbestimmungen abgestimmte Europa-Version. Importstart, so die Verantwortlichen damals, war für 2010 vorgesehen. Doch 2010 kam – aber der Nano blieb in Indien und kam nie auf den europäischen Markt.
Die vollmundigen Ankündigungen in Indien übersetzten sich allerdings nie in entsprechende Verkaufszahlen, und auch ein letzter Versuch, die potenziellen Kunden mit Servolenkung sowie einem automatisierten Fünfganggetriebe und einem leistungsstärkeren Antrieb zu überzeugen, lief ins Leere. Im Jahr 2018 warf Tata das Handtuch und stellte die Produktion des einstigen Preisbrechers ein.

Der Tata Nano war spartanisch ausgestattet.

Mit seinen schmalen Reifen wirkte er wie ein Karussellauto.

Selbst in Indien konnte der Nano die in ihn gesetzten Erwartungen nur teilweise erfüllen.

NISSAN LAND GLIDER WIEDER ZU FRÜH

Der Nissan Land Glider sollte eine »neue Form abgasfreier Mobilität« demonstrieren.

Zu ihren Glanzzeiten nutzten vor allem die japanischen Hersteller die Tokyo Motor Show als Bühne für ihre mitunter exotischen Studien, die meistens nach der Messe wieder in den Garagen der Unternehmen verschwanden, weil eine Serienfertigung nie geplant war. Im Jahr 2009 stand bei Nissan der Land Glider als Konzept auf dem Stand und sollte, so die Marketing-Poeten der Marke, »neue Formen einer abgasfreien Mobilität aufzeigen«. Das Ergebnis war ein elektrisch angetriebenes Fahrzeug mit Neigetechnik.

Der Land Glider wurde von den Nissan-Ingenieuren vor allem für den urbanen Verkehr entwickelt. Weil mehr als 50 Prozent der Weltbevölkerung in Großstädten lebten, orientierten sich die Entwickler an dem bewährten Motorrad, um ein vollkommen neues Fahrzeug auf den Markt zu bringen. Das Ergebnis war ein 3,10 Meter langes und 1,1 Meter breites Vehikel, in dem zwei Personen hintereinander saßen. Im Gegensatz zu anderen Fahrzeugen mit Neigetechnik besaß der Land Glider vier Räder und eine aufwendige Technik, die den Grad der Neigung definierte.

Die Nissan-Pressemeldung beschrieb den Land Glider als einen »Personal City Commuter«,

Die starke Seitenneigung war gewöhnungsbedürftig.

In der Heckansicht wird die Schräglage besonders gut sichtbar.

Der Land Glider wurde als Stadtfahrzeug für zwei Personen entwickelt.

Die Lenkung arbeitete nach dem Steer-by-Wire-Prinzip.

Hosenträgergurte sorgten für Sicherheit.

Der Fahrer blickte auf eine digitale Informationszentrale.

Der Innenraum war kompakt, gleichzeitig aber ...

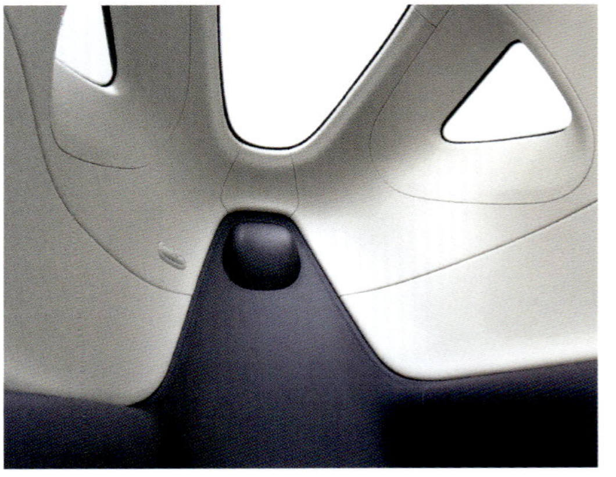

... durch viel Glas hell und luftig.

dessen Lenkung als Steer-by-Wire ausgelegt war und sich wie ein Motorrad manövrieren ließ, dabei eine maximale Neigung von 17 Grad erreichte. Eine eigens entwickelte Sensorik bestimmte dabei je nach Geschwindigkeit die Neigung bei Kurvenfahrten. Der Fahrer musste lediglich entsprechend lenken – den Rest übernahm die Elektronik.
Den Antrieb übernahmen bei der Studie zwei im Heck montierte Elektromotoren, die von im Wagenboden montierten Lithium-Ionen-Batterien mit Energie versorgt wurden. Die genauen technischen Daten wurden nie veröffentlicht. Als Ladetechnik hatten die Nissan-Techniker induktives Laden vorgesehen. So konnte der Land Glider ohne lästige Kabel geladen werden – allerdings gab es damals noch keine entsprechende Infrastruktur. Um die Insassen vor Unfällen zu schützen, besaß der Land Glider eine Kollisionsvermeidungssensorik, die das Fahrzeug vor Hindernissen umleiten konnte. Der Land Glider war eindeutig seiner Zeit voraus und wurde am Ende nicht in Serie gebaut. Damals versprach die Pressemeldung allerdings etwas anderes: »Obwohl der Land Glider für die Tokyo Motor Show entwickelt wurde, sollte er nicht als reine Designstudie betrachtet werden. Dieses Fahrzeug mit Neigetechnik zeigt die Richtung, wie ein künftiger Kleinwagen von Nissan für die überlasteten Metropolen aussehen könnte.«

Für den Antrieb waren zwei Elektromotoren im Heck montiert.

Die weit öffnenden Türen erleichterten den Einstieg.

MICROLINO
ISETTA, ABER MODERN

Der Microlino ist eine Neuauflage der legendären BMW Isetta.

Im Jahr 2016 stahl ein kleines Gefährt auf dem Genfer Automobilsalon allen anderen internationalen Premieren die Show. Der Microlino, gemeinsam von Micro Mobility Systems und der Zürcher Hochschule für Angewandte Wissenschaften sowie der Designwerk Technologies AG entwickelt, erinnerte die älteren Besucher der Messe an die BMW Isetta, die in den 1950er-Jahren als Kleinstwagen auf den Straßen unterwegs war. Der erste Prototyp entstand in China und sollte nach dem Willen seiner Entwickler eigentlich nicht in Serie gefertigt werden.
Doch dann gingen innerhalb von zwei Tagen 500 Bestellungen für das Stadtauto ein, und es begann eine wechselvolle, von juristischen Scharmützeln begleitete Geschichte, bis der Microlino endlich hergestellt werden konnte. Zunächst sollte die Produktion in Italien bei Tazzari anlaufen, doch das Unternehmen wurde an die deutsche Firma Artega verkauft. Als Artega ankündigte, den »Karolino« als Konkurrent für den Microlino auf den Markt zu bringen, begann eine juristische Auseinandersetzung, an deren Ende die Entscheidung von Micro Mobility Systems stand, den Kleinstwagen als Microlino 2.0 in Turin zu fertigen. Acht Jahre nach dem ersten Auftritt am Genfer See stand der Microlino Lite auf dem Auto-

Der Microlino wurde 2016 in Genf erstmals präsentiert.

Wie sein Vorbild wird er von einem Elektromotor angetrieben.

Die charakteristische große Frontklappe blieb erhalten.

salon. Das Kleinstfahrzeug der Klasse L6e wird von einem sechs kW starken Elektromotor angetrieben, der für eine Höchstgeschwindigkeit von 45 km/h gut ist. Das gerade 425 Kilogramm schwere Fahrzeug konnte in einigen Ländern mit einem Mopedführerschein bewegt werden. Als nächstes Modell folgte im Herbst 2024 mit dem Microlino Spiaggina eine Cabriovariante. Der Spiaggina kam in einer limitierten Auflage auf den Markt und wurde offensichtlich von Fahrzeugen wie dem Fiat 600 Jolly und dem Citroën Méhari beeinflusst. Das Stoffdach kann vollständig entfernt werden, und die Reichweite des Strandautos wurde mit 177 Kilometern angegeben.
Im Jahr 2024 verkündete das Unternehmen, dass rund 3700 Modelle produziert worden waren. Das 2,5 Meter kurze Fahrzeug war vor allem in der Schweiz beliebt. Den Microlino gibt es mit drei Batteriekapazitäten: sechs kWh (Reichweite 91 km), 10,5 kWh (177 km) und 14 kWh (230 km). Der Elektroantrieb ist im Heck montiert, und die Energiespeicher können an einer Haushaltssteckdose in zwei bis drei Stunden geladen werden. Mit einem Gepäckabteil von 230 Litern ist der Microlino für den Einsatz in der Stadt gut geeignet.

Das angestammte Revier des Microlino ist die Stadt.

Der Microlino bringt Lifestyle in die Klasse der Stadtwagen.

m-ero

TESLA CYBERTRUCK
GEFAHR AUF RÄDERN

Das Design des Tesla Cybertruck ist bewusst aggressiv, brachial und futuristisch gestaltet.

Pick-ups gehören in den USA zu den beliebtesten Fahrzeugen. Der Ford F-150 zum Beispiel führt seit Jahren die Zulassungsstatistiken an, und daher war es nur logisch, dass sich auch Tesla diesem Thema annahm. Das Resultat ist der sogenannte Cybertruck, dessen Prototyp im November 2019 von Tesla-Chef Elon Musk der staunenden und verblüfften Öffentlichkeit zum ersten Mal gezeigt wurde. Das Design des 5,68 Meter langen und 2,4 Meter breiten Kleinlasters ist ganz bewusst futuristisch und nutzt im Gegensatz zu den Limousinen des Herstellers die 800-Volt-Technik.

Die Auslieferung der ersten Serienversionen war ursprünglich für Ende 2021 geplant, musste aber mehrfach verschoben werden, sodass der erste Cybertruck erst im Jahr 2023 die texanische Gigafactory verlassen konnte. Neben der Basisausführung mit Heckantrieb stehen noch die Varianten mit Allradtechnik und das sogenannte Cyberbeast, das den Dreitonner in 2,6 Sekunden von Null auf 100 km/h beschleunigt, im Programm. Je nach Version leistet der Antrieb zwischen 447 und 630 kW. Die Preisliste reicht von knapp 70.000 Dollar bis rund 100.000 Dollar. Die beiden gehobenen Varianten kommen mit Luftfederung zu den Kunden, der Hecktriebler hat konventionelle Stahlfedern. Kurz nach dem Produktionsstart wurden die ersten Exemplare bereits von der amerikanischen Sicherheitsbehörde NHTSA zurückgerufen, weil sich das Gaspedal verklemmen und dadurch eine ungewollte Beschleunigung verursachen kann.

In Europa darf der Tesla Cybertruck nicht zugelassen werden, weil die scharfen Kanten die EU-Vorschriften für den Schutz von Fußgängern verletzen. Allerdings wurde ein Cybertruck in der Tschechischen Republik zugelassen, nachdem die scharfen Kanten mit einem Gummischutz entschärft worden waren, was dem Design nicht unbedingt zuträglich war. In Deutschland lehnte das Bundesverkehrsministerium eine Anfrage der US-Streitkräfte ab, ob Militärangehörige den Cybertruck importieren durften.

Das Design des elektrischen Tesla-Pick-ups erinnert an den DeLorean DMC-12, und im Sommer 2024 schickte der tschetschenische Diktator Ramsan Kadyrow drei Cybertrucks mit montierten Maschinengewehren an die ukrainische Front. Angeblich, so Kadyrow, hatte ihm Elon Musk persönlich die drei Fahrzeuge geschenkt. Später beschimpfte er den Tesla-Chef, weil der die Pick-ups über Funk lahmgelegt hatte.

Die Konstruktion des Cybertruck erwies sich nicht immer als durchdacht. So entsteht zum Beispiel bei winterlichen Fahrten ein Eispanzer vor den Scheinwerfern, der vom Fahrer mit einem Hammer beseitigt werden muss. Seit seinem Produktionsstart wurde der Cybertruck immer wieder in die Werkstätten zurückgerufen. Im Jahr 2025 mussten alle in den USA abgesetzten Pick-ups wegen zahlreicher Probleme eine Werkstattpause einlegen.

Wie bei Tesla üblich ist die Informationszentrale komplett digital.

Der Innenraum ist überraschend komfortabel.

Von wegen Offroad – Schon kurz nach Produktionsstart musste Tesla den Cybertruck zur Nachbesserung in die Werkstätten zurückrufen.

Mit seinem eigenwilligen Aufbau soll sich der Tesla Cybertruck nach den Vorstellungen des Herstellers zu einem vielseitigen Freizeitmobil verwandeln.

AVTOTOR AMBER
HÄSSLICHER GEHT’S NICHT

Beim Design des Avtotor Amber orientierten sich die russischen Designer offensichtlich an den Kolleginnen und Kollegen aus Turin.

Seit 1996 produzierte der russische Hersteller in seinem Werk in Kaliningrad, dem ehemaligen Königsberg, Modelle von BMW und Kia. Mit dem Ausbruch des Ukrainekriegs endete diese Produktion. Also startete das Unternehmen ein neues Projekt und schuf dabei das wahrscheinlich hässlichste Fahrzeug aller Zeiten. Der Fairness halber sei aber angemerkt, dass es sich bei dem Avtotor Amber angeblich um einen Prototypen handelt. Offensichtlich blickten die Designer bei ihrem Entwurf nach Turin und überlegten sich, wie man den Fiat Multipla noch etwas exotischer gestalten konnte.

Avtotor hatte der Moskauer Polytech-Universität den Auftrag gegeben, ein Elektroauto für den russischen Markt zu entwickeln. Die Serienproduktion sollte im Jahr 2025 beginnen. Das Design der Moskauer Uni schuf ein Fahrzeug, das sich nur schwer zwischen Kleinwagen und Minivan einordnen lässt und mit seinen kleinen Fensterflächen, den seltsam platzierten Scheinwerfern und den hochgezogenen Fensterlinien, höflich ausgedrückt, sehr seltsam wirkt.

Die Serienversion soll in dem Werk in Kaliningrad mindestens 50.000 Mal pro Jahr gebaut werden. Die technischen Daten wurden weder von Avtotor noch von der Moskauer Uni veröffentlicht. Angesichts des seltsamen Amber dürften in Turin allerdings die Prosecco-Korken geknallt haben. Denn endlich waren die Italiener den Titel »hässlichstes Auto der Welt« für den Multipla los.

Sollte der Amber jemals in Serie gebaut werden, ist ein Elektroantrieb vorgesehen.

REGISTER

BILDNACHWEISE

Bert Garai/Keystone Features/Getty Images (58); Bert Grimmer (82/83); Bettmann/Getty Images (59); Bildagentur-online/Universal Images Group via Getty Images (6); BIPS/Getty Images (132, 135); BMW AG (100-103); Bonhams (133/134); Camerique/Getty Images (4); Carver Europe B.V. (200/201); Contributor/Getty Images (220/221); David Lees/Corbis/VCG via Getty Images (10); David Phipps / Sutton Images / Getty Images (140, 141); DEA / BIBLIOTECA AMBROSIANA / Getty Images (11); Daihatsu (202-205); Derek Berwin/Getty Images (80); dpa/picture alliance (167); Dr. Ing. h.c. F. Porsche AG (16/17); Dr. Ing. h.c. F. Porsche AG (16/17, 21); Fireshot/Universal Images Group via Getty Images (165); Ford Motor Company (162); Found Image Holdings/Corbis via Getty Images (10); FPG/Getty Images (58); Fox Photos/Getty Images (13); Gamma-Keystone via Getty Images (27); General Motors (198/199); Gerry Cranham/Offside via Getty Images (165); Gircke/ullstein bild via Getty Images (13); Grandery/Getty Images (40); Hulton Archive/Getty Images (7, 13); iStock / Getty Images Plus (11); J. Jay Hirz/Archive Photos/Getty Images (36); Jiro Ose/Newsday RM via Getty Images (167); John Kobal Foundation/Getty Images (9); Kevin Wood/LAT Images/Getty Images (37); Keystone-France/Gamma-Rapho via Getty Images (60); LAT Images/Getty Images (155); Library of Congress/Corbis/VCG via Getty Images (14); Liftarn/wikimedia commons (171); Mauritius Images (30, 147, 152, 186/187); Mazda Motor Corporation (116/117); Microlino AG (212-215); Morgan Motor Company (128-131); Nathan Lazarnick/Hulton Archive/Getty Images (13); National Motor Museum/Heritage Images via Getty Images (20, 21); Nissan (208-211); OFF / AFP via Getty Images (13); Pascal Rondeau/Getty Images (166); Piaggio & C. S.p.A. (104/105); Rainer Schlegelmilch/Getty Images (141); Richard FRIEMAN-PHELPS/Gamma-Rapho via Getty Images (8); Sammlung Motorbuch (18/19, 22/23, 24/25, 26/27, 28/29, 32/33, 34/35, 38/39, 42/43, 44/45, 46/47, 61, 62/63, 66-69, 70/71, 72-75, 76/77, 78-81, 84/85, 86/87, 88-91, 92/93, 98/99, 106-109, 110/111, 112/113, 114/115, 118/119, 120-123, 124-127, 142/143, 146/147, 148-151, 160-161, 163, 168/169, 170-173, 174/175, 176-179, 184/185); Sammlung Motorbuch/Mercedes-Benz Group AG (48-51); Shawn Thew-Pool/Getty Images (167); Space Frontiers/Getty Images (164); SSPL/Getty Images (41, 166); Stellantis (94-97, 136-139, 154/155, 157-158, 180-183); Suzuki Motor Corporation (188-191); Tata Motors (206/207); Tesla, Inc. (216-219); Topical Press Agency/Getty Images (12); ullstein bild/ullstein bild via Getty Images (13, 15, 43, 57, 59); Universal History Archive/Universal Images Group via Getty Images (5); Vittoriano Rastelli/Getty Images (59); Volkswagen (196/197); wikicommons/bundesarchiv (12); wikimedia commons (64/65); Yamaha Motor Co., Ltd. (192-195).